U0727298

德稻智库丛书
德稻社区规划及环保建筑设计大师
上海世博会卢森堡馆总设计师
万伦柯
FRANÇOIS VALENTINY
大师作品集
［卢森堡］万伦柯◎著
中国发展出版社

türkis, rot, braun,
weiß-

德稻智库丛书

智慧是人类文明发展的源动力。社会发展而产生的行业是智慧的细分，作为生产力的代表，行业专家(大师)凝聚了大量智慧。如何对大师智慧不断进行科学化、系统化的采集、传承和应用一直以来是各个文明发展的核心任务。进入21世纪，创意、创新、创造成为全球发展的主旋律，中国也正处于社会转型、产业升级、管理创新的关键时期。“中国制造”型经济已经并强力推动着世界经济的发展，但是，如何从“中国制造”走向“中国创造”？如何培养人才，激发全民的创造力，推动华夏文明的复兴和社会的可持续发展？带着这些问题，德稻集团进行了深入的调研和实践，“德稻智库丛书”应运而生。

德稻集团是一家知识型、创新型的大型企业集团，秉持“汇聚世界大师、采集全球智慧、催生行业精英、助力企业发展”的理念。我们致力于延请一批新材料、新能源、节能环保、交通、航空、农业科技、基因产业、源头创新、信息产业、文化创意、公共治理、教育等行业国际顶尖的专家作为“德稻大师”，他们都是各行业内极少数拥有极丰富实践经验，掌握最前沿、最先进技能的特殊人才，从某种程度上说，可以引领一个行业的发展方向。我们缘起中国，融入全球，采用半社会化、半商业化的开放运营模式，结合大师各自的专业为他们在中国建立德稻大师工作室，以师徒传承的方式开展高端非学历教育。我们重视对隐性知识的采集，培养独具特色的行业精英，力图将大师的智慧资源、中国的人力资源和机构的资本资源完美结合，通过一流专家的集群化效应，协助企业、政府的本地化智慧积累，促进富有原创意义的集团性、协同性创新。

“德稻智库丛书”由不同行业不同领域的“德稻大师”撰写，力求深度采集、传承作者的智慧与经验，真实还原“生产力转化为知识，再由知识发展生产力”的过程。正是各位作者严肃对待学术问题、注重理论结合实践的态度，使得这套丛书具备很高的学术价值、社会价值和实用价值。我们期望作者的智慧与经验能够为读者带来全新的体验和收获。让我们用各种科学的方法、宽阔的视野、更多的创新灵感，来成就各个行业可持续发展的解决方案。

李卓智

德稻集团董事长

目录

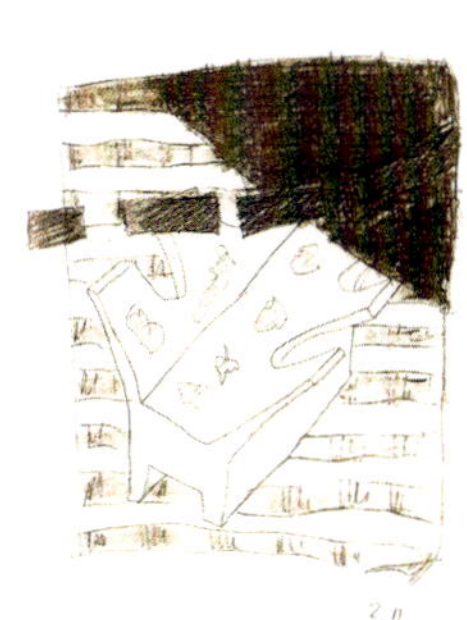

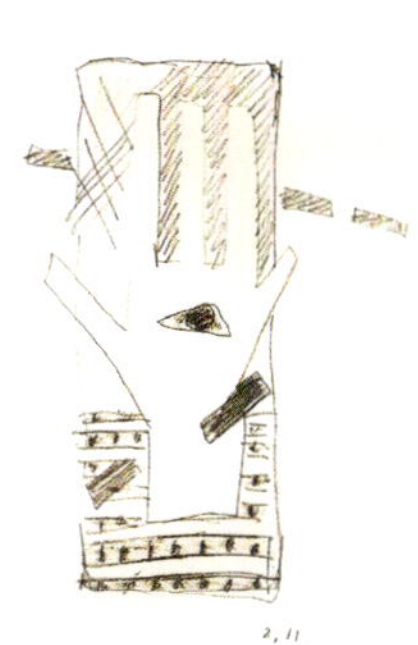

自传

万伦柯于 1953 年出生在雷默申，先后在法国南锡建筑学院和奥地利维也纳应用艺术大学学习建筑。1980 年，他与休伯特·赫尔曼合伙成立了一间建筑师工作室。在这之后，他们赢得了许多场竞赛，并主要在澳大利亚、卢森堡和德国等国实施了大量的项目。如今，万伦柯已婚，并有一个孩子。

自 1990 年以来，万伦柯住在摩泽尔祖父母的家里，这里也是他的出生地。1997 年，他在这里成立了“赫 & 万建筑事务所”有限责任公司。2002 年，他创办了卢森堡首份建筑杂志，并担任该杂志的编辑。此外，他为各种歌剧院创造了舞台设计和服装设计。2010 年上海世博会中的卢森堡国家馆就是他的作品。该展厅将“卢森堡”的中文意思翻译成了建筑名——森林中的城堡，此后该作品成为万伦柯的杰出代表作品。

“设计图就是我的思想”

“无论作为建筑师、画家，还是视觉设计师，万伦柯都力求做最真实的自己。”乔治·霍斯曼如是说。

回想起来，那大概是两年前最幸运的一周了。万伦柯决定独自幽居在爱琴海这个小有名气的小岛上，逃离过去那种每天例行公事私事的生活。就像他自己说的一样，这样做是“为了全神贯注于自己的感官感受”，闲来坐着阅读、品酒、抽烟、静静地观赏植物、研究茂盛的植被、感受大自然的洗礼，摈弃一切不重要的事情，只去做那些真正必要的事情。而就在此时此刻，这位建筑师打开笔记本，拿起铅笔，开始构图，跟随自己最本能的感受。就这样，第一幅图很快就完成了。有些只是随手涂鸦，而另一些则是细心描绘。无论这些自发的作品是否会上色，在这之后便会出现更多的精致的作品，甚至是建筑的设计方案。

当万伦柯开始构图的时候，每时每刻都会有无数个灵感冒出来。他说：“即使我的作品现在还在笔记本里或是抽屉里，他们都是我思想的阐述，是我在大脑中收集并呈现的灵感，也许有一天，我会用到他们。”

生动的抽象派艺术作品随即产生

这些作品作为模板，描述了“艺术与酒”这一板块的酒瓶。在相同情绪的影响下，花费了一到两天的时间完成。我们可以辨认出合并成抽象轮廓的有机形式，并从大规模的结构中看到其涌现出的娇弱的触角类植物，还有令人惊奇的破碎表面，仿佛被一道神秘的开口刺破，划痕延伸至最深邃的地方……

我们从过去的作品中也能够发现与之相似的一些素材。有时候，万伦柯会采用墨汁、水彩和蜡笔将建筑师的设计变成一幅真实的几平方米大的油画，这通常会需要忙上好几周的时间。我们看到的阴影和光线的变化、不对称的形式、打破的线条以及弯曲的平面，这些都是万伦柯作为画家和雕刻家的风格，当然，也很明显地体现其建筑师的特色。

为了能够更好地展现这些酒瓶，万伦柯画图时自由流露的思想需要有所收敛，因为只有这样才能产生设计师生动而又精确的艺术作品。他改变了色彩与交错的划影线，用单色取代了彩色斑块，并画上清楚的线条，而不再是自由的即兴创作。他很精妙地诠释了素描艺术家的思想，满足了新的实用要求，不再违背原始艺术作品的意图。

万伦柯这样说 :“我能很清楚地辨认出我自己的作品来，这就像是酿葡萄酒的人只需要尝几滴就能辨别出自己酿的酒一样。当你把一件旧的东西变得独立起来，继而便能产生新的想法，这个过程真的很有意思。”

当被问到对自己、对艺术的看法时，他给出了一个很明确的答案 :“我不是画家，也并没有把自己看做艺术家。我的画仅仅作为一个建筑师工作的成果。当我谈到我的‘艺术’二字时，我都是用引号来表示这一个词。”这是谦卑的说法么？

事实上，当他还只有十二三岁时，他确实是梦想成为一名画家的。但到了 15 岁，他树立了新的职业目标，那就是成为一名建筑师。据他所说，因为那时候他很快就清晰地找到是什么改变了他的梦想。万伦柯用类比的方式作了解释，就像是上文提到的艺术与酒之间的关系。他说 :“在画画的时候，就像是所有的酒瓶在很久以前就已经打开了瓶塞一样。”这是什么意思呢？是因为画画很快就要结束，还是已经结束了？他继而解释 :“当一个画家在表达自己思想和表现事物的时候，并没有留下任何可能性来驱使他由衷地追随新的时尚，因为这一切都在过去就已经做好了。同样，这也就是为什么绘画的艺术在过去几年间变化如此迅速，几乎完全被视频艺术或相关艺术所代替的原因。”

万伦柯提到，也就是在这时候，他发现了自己对建筑学的爱好。作为一门艺术，建筑学与别的艺术不一样，它与社会和社会发展之间有着内在的联系，并通过社会、经济和政治进程不断地传递下去。那些在这样一个漩涡里不想背叛或是迷失自己的人，就必须坚定不移地反对一切匿名和可替代性的做法，力求保持其作品的真实可靠。

生活空间

31.12.02

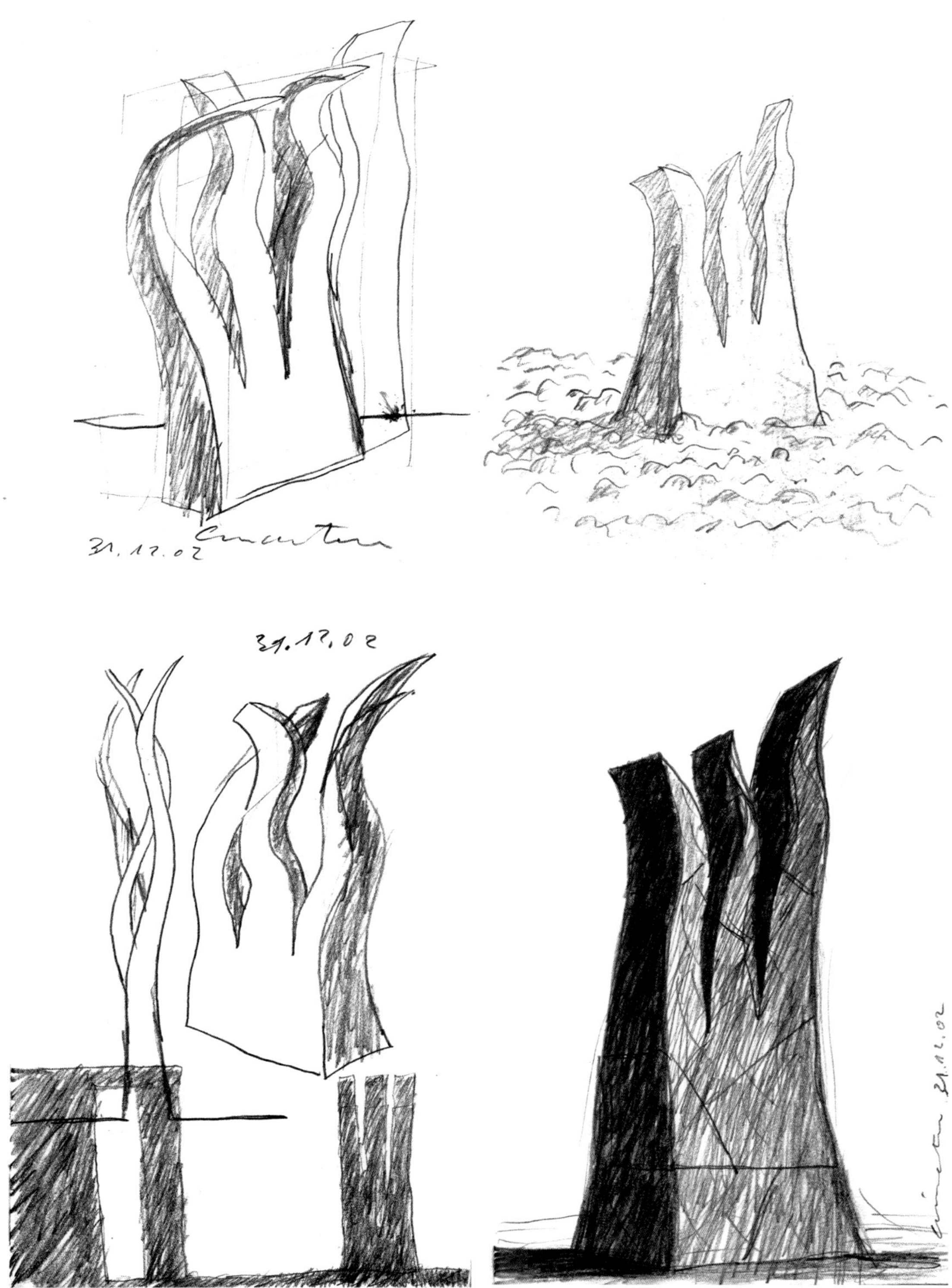

A
B
A'
B'
A
B
A'
B'

A
A
A
A'

Toscana
A'
A

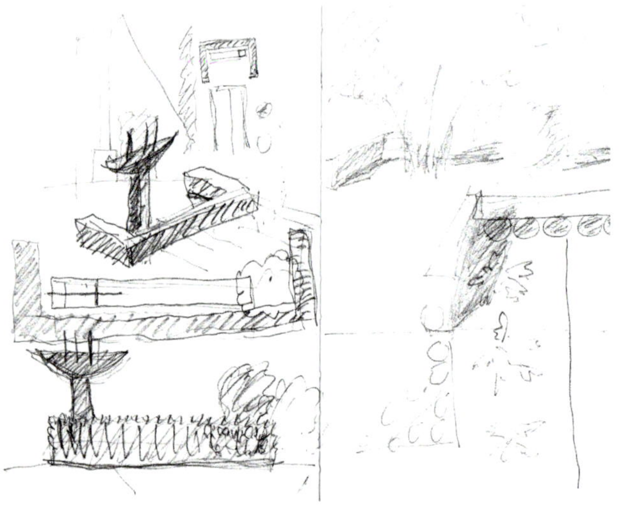

首先，这里有一个假设性的说法：在赫 & 万建筑事务所工作，创作的基本模式是“以静为动”。他们的项目和建筑是思想意识处于一个静止的时刻。当把这些静止的思维赋予了能量，便能够改造我们生活的空间。

在日常活动中的交汇点则是思想的绿洲。主题应与周围的环境相联系，但又要能够被压缩成一个地方，也就是个体，具有其自身的独特性。

卢森堡人和奥地利人一般都在维也纳学习建筑。建筑师们喜欢坐在维也纳兰德曼咖啡厅门前的一片草坪上，凝望着环城大道，想象着这些不朽的建筑是怎样在环城大道上呈一条线排列着的，思考着硬地区域和宽阔的公园是如何将人造的城市风景和充满音乐节奏的主题相结合起来的。很明显，他们得出了第一个结论：没有什么是可以永恒的。然后有了第二个想法：我们不能这样下去了。最后得出了一个比较乐观而又符合逻辑的结论：我们能够采用现代技术手段，通过智能搜索传统优质产品的痕迹，为新的建筑设计提供素材。

换言之，这是一场谨慎地反对具有时代精神的建筑学运动。赫 & 万建筑事务所主张以不同的方式产生不同的事物，并不采用技术的外壳来中立和匿名地表现生活（实际上是通过技术为建筑带来新活力）。这也意味着建筑理念要快速转向一个新的方向，以一种新的思维方式来思考这个世界（或是说把注意力集中在一个不同的地方，也许是一个更好的地方。就像是20世纪60年代的乌托邦式的老建筑如今看起来却令人满是感伤）。这并不是赫 & 万建筑事务所的作品。他们的作品是各种角度的产物。总的来说就是一项建筑尽管还没有建好，但是看起来也要给人安全的感觉。结果是：他们这个时代发出的声音被清晰地雕刻在建筑上和空间里，彼此之间又相互独立，完全超越了时代的局限，还原原型但不失构造。

万伦柯的童年是在雷默申度过的，这是一块从未开放给外面世界的小乡村。万伦柯就是在这样的环境下成立了赫 & 万建筑事务所。在带领公司走向大城市的过程中，他们把目光投向了摩泽尔河以及对面的河岸。在这样一个干燥的土地上伫立着一艘轮船，一直屹立着：随着季节的更替，它几乎已被植物覆盖，覆盖的痕迹变得越来越清晰。艺术家和建筑师的梦想都停泊在这里，亘古未变：梦想着有一天能够在这样一片完好无损的土地上放一件雕刻作品，纯供欣赏，不作他用。

从这个梦里开发了一种能够穿透外墙和建筑外层的架构思想，一个进入周围环境的突破口。也就是说，艺术来自于人工。与赫 & 万工作室建筑框架相比：奢华的自然不仅仅是团队词汇的一部分，而且是该公司创造和想象的所有文本的必要因素。多次重复使用的准则一般是：一层是起居室，放置了一个覆盖膜、一个遮阳幕和一个承重架，二层则用绿色搭建了一个大棚用于装饰效果；如此以提供一个能将优质的房屋设计项目同一个低劣的项目相区别的额外的质量标准。对室外空间的设计和建筑师的梦想来说，同时要考虑建筑师、客户和制造商的角度。如果上述这个绿色框架能够承载更多自然的因素，并且在结构上证明是可行的，那么在目前的建筑实践中，所有的一切都是可以实现的。我们可以看到：自由的思想是建筑规划的基础和引擎。

在万伦柯的记忆中，休伯特 · 赫尔曼的花园里有一堆木材，一侧是一间旧谷仓。除了木材、草、混凝土、砖，还有木材。这是一种冲突碰撞，一种未经安排的偶遇，但同时也是一种温和文雅的相互拥抱融合。“粗糙的材料”是建筑的表层。而其他层，在内容方面则是模棱两可的。赫尔曼建议说建造一间极简的小屋远比一栋大楼要好，这是他从非洲带来的持久印象。游牧建筑与长存的完美建筑是相反的。此时此刻，创意思想的碎片开始发酵。

如第 22 页 , 沼泽是没有尽头的，深不可测而且异常肥沃。看到满是芽的沼泽，灵感就如涓涓细流涌出大脑，需要及时抓住并继续发展。一个浮夸的时髦的动作绝不会从开始就快速养成。如今，我们可以看到，在德国、卢森堡和奥地利，生命力强劲的植物能够从种子开始自己生存下来，建筑的模型同样也适用这一规则。

这里有一些标准的主题：选择建筑材料就是一个例子。从石膏发展到金属，再到现在的混凝土结构,这一过程持续了 20 多年的时间。起初建筑师采用石膏,之后由于实用的原因放弃了石膏。首先，石膏已不再适合做现代建筑的材料了；其次，从手工的角度看，这一项技术已经过时了；再者就是建筑表面太平滑了,不适合用石膏这一材料。这就说明建筑物所采用的材料需要用一个“观点”来展示。举个例子来说，已经建成的百叶窗形状的混凝土，在做外墙穿孔时需要采用金属拉制网，这个材料就是“粗糙金属”这一流行趋势的起源。

建筑师反对那种追求所谓绝对完美的态度。

赫 & 万工作室认为，随着时间的流逝，金属褪色，苔类在混凝土上生长，石膏粉碎裂，这些都是正常的。它们代表了一种高贵的成熟过程，是非常具有特色的。这一点改变并不能掠夺建筑自身的风采。建筑师是为了人类、为了时代、为了这个世界的韵律而存在的。

建筑就类似做寿司——里面是“熟”的，外面是“生”的。下面的图例就是一个恰当的例子：内部的结构空间和体积定位都是得到精确测量、证实、尝试和测试的；而外观则表现出一种自发性，它反映材料的光滑对美感的异议，旨在保持不变。

另外还有一个标准的主题：外在皮肤的差异化解决方案。时间层往往会形成功能层。其他建筑师在工作中也发现在公寓楼外层前面会有流通层，而在玻璃表层前面使用钻孔是很少见的。而且，刻意在古老的材料上设计一个建筑框架更为罕见。这种可计算的对立碰撞便形成一个统一体。

从用户的观点来看，层是一个实用的要求，也是城市建筑的一个很重要的功能。在设计建筑层这一方面的思维方式也集中在一些小规模的项目上。20 世纪 60 年代的单一家庭住宅之后发生了惊人的转变，从最初被认为是值得商榷的方案之后经过了突然而意想不到的蜕变。层的设计形成了一个私人体验空间，丰富了现代新建筑。在这种品质的现代社会住房建筑层次中，从用户使用结果来看附加价值意味着好的公寓和不好的公寓之间存在着的关键区别。

更进一步的标准主题便是颜色。当然，这里并不是指经典现代主义的白色。赫 & 万工作室的颜色更加丰富多彩。关于这一点，我们觉得该公司在这方面做得很好。如果没有赫 & 万工作室设计的多种颜色或是没有这些材料，市区中心的屋顶景观将会变成什么样子呢？这种玻璃屋顶元素拥有“不受约束”的闪光技术品质和多语言品质。总之，在这些屋顶上也可以采用拉制金属网和混凝土来塑造整个城市的形象。如果我们想象这些车被移走的情景，它就是真正的莱热镇（希腊著名小镇）。

有关颜色，当然，它可以是黑色的，但是内置建筑的黑色是真正的黑色吗？不，它并不是黑色的。黑色可以根据周围的环境变成各种不同的颜色，最重要的是光线。

黑色具有许多特性，令人十分兴奋。卢森堡的小镇就是这个事实的一个绝佳例证。红也有很多特性。赫 & 万工作室的红色经过特别混合制成，而且随着时间推移还会一次又一次的混合。根据外部的影响，它会有一种不可预知的阴影和进一步的与现代社会的衔接。这对周围的环境是一个相当简单的背景，并很自然地得到发展。

赫 & 万工作室已经达到了一个顶点，如果没有恰当地设计周围环境，人们就不会把它想象成自己的住宅。不幸的是，这里强调的是“想象”二字。即使到了今天，人们也无法在一个荒僻的环境中看到组合自然环境的必要性。因为，这样的环境没有直接的功能。今天，我们已经太过了解这样的机制了。然而这样的尝试却一次一次地发生。在这方面，赫 & 万工作室展示出一种一致性 : 在住房项目的生活小区中 , 树木和水成为外形设计整体中的一部分 , 并在家里摆放着绿色植物。万伦柯从未忘记过他在摩泽尔河的船。他自己家中有一片梯田，花园中植被茂盛。我们可以大胆地说，建筑的目标就是和谐。

这听起来是一种奇怪而又过时的方式，而且如果不是高质量的品质，毫无疑问这也是不现实的。赫 & 万工作室的房子在本质上以一种几乎可雕刻的质量为特色。他们形成卷筒状或是仿制树木的形状。

内部景观、外部景观和障碍都被减少到最小。在赫 & 万工作室，作为艺术家，同样也是重复性的主题。从一开始 , 他们画设计图，依靠记忆作出模型，他们将从记忆里流出来的草图很快地画下来，无论是一个印象还是一个想法，都很快地被塑造到快速凝固的材料上（如石膏、土壤），有的甚至还做成了非常大的雕塑。然而 , 在前面 , 有一个建筑师站在斜坡上，寻找有潜力的鼓舞人心的材料，然后把它绘成草图。但是，它也仅仅是草图。建筑师和艺术家之间的冲突在于 : 如果将这些图纸再创作，把它变成“图片”, 那么他们就失去了原有的生命力。从狭义的绘画角度来看可能就是这样的情况，但对雕塑来说却并没有那么容易 : 他们有体积，需要占据一定的空间。

赫 & 万工作室的理念在于建筑的和谐。在过去很长一段时间里，以这样一种方式来将自己的作品载入历史绝对不是件容易的事。然而，如果我们被这个世界感动，如果我们寻找问题并试着解决问题，那么在建筑发展史上的一些变化便会自动表现出来。

现在我们都知道这一点了。在这几年之内 , 发生了最坏的可能，因为在某个时候，所有的东西都无心地产生碰撞 , 这时候碰撞是合理的、可用的 , 问题也是可接受的，之后，便不再能够取得成就。赫 & 万工作室加入了这场争论 , 表达了自己的看法 , 体现了自己的价值。

开端

设计图就是我们梦想的镜子

威尼斯的住房

赫尔曼和万伦柯代表着已经摆脱了思想轨迹控制和焦虑的一代。在 20 世纪 70 年代末，由于缺乏对客户的了解，这一代人全心全意致力于将建筑推向一个完全自我饱和的状态。这是“特质”和“语言”的时代。然而，很意外但也具有决定性的是这种情况开始在 80 年代有所改变，建筑师可以再次开始重建建筑梦想。因此，一大群年轻的建筑师前来体验“建筑的喜悦”。

随后的几年中，零星的项目被建筑系列所取代。建筑师获得了技艺能力、自信以及即便是在细节中也要追求高品质的意识。

赫尔曼和万伦柯的第一批作品以几何复杂曲面为特色，建筑外层受到文学文化的强烈影响。在 90 年代末，他们的作品产出更多，他们所传达的信息也更加有说服力。从内部开始，延伸到外部，无论是在分支还是在程度方面，从小区域到最后隔开建筑和景观的光线，他们的项目变得越来越有影响力。

“我们可以很确定地说，在未来的日子里，赫尔曼和万伦柯将为我们带来高质量的作品，令我们惊讶与兴奋。”著名建筑师福克萨斯如是说。

BESTECKT
17. XII
90

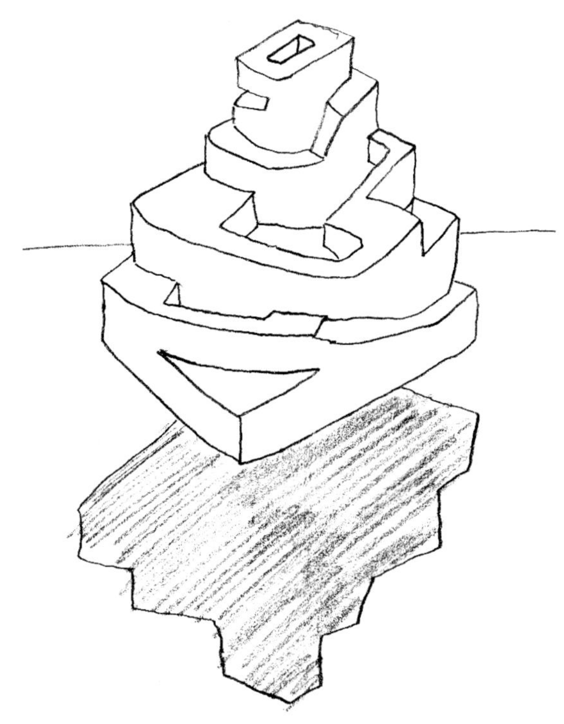

低估了建筑的社会政治分工的，

不只是建筑师。

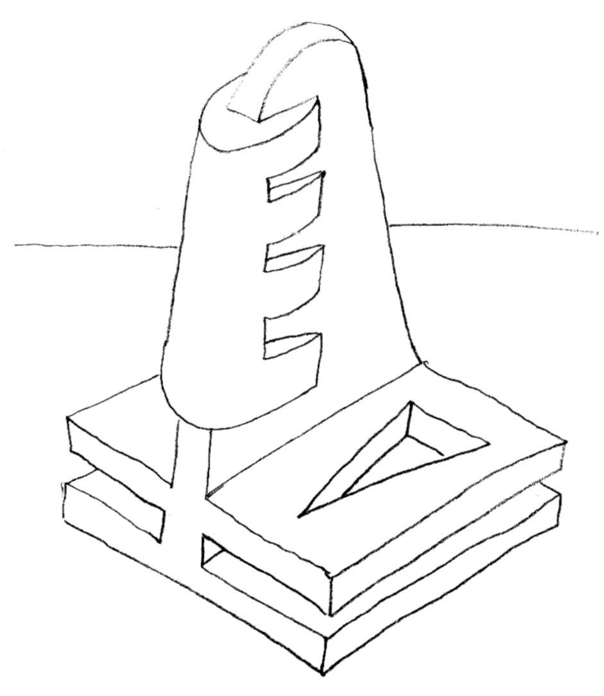

只有多元文化的

社会

才值得

生活

让平凡的东西

变得特别

就是我的责任

建筑学并不需要高度的智商

设计建筑意味着：

像木匠、园丁或厨师一样工作

而且，对此，我也并不是很确定

建筑是精神的战场

开放式建筑

1980 年赫尔曼与万伦柯完成学业之后，他们在卢森堡和维也纳开办了两个事务所。在此期间，他们的老师这样评价他们俩：广泛而又清晰地吸收了这个时代的精神。他们俩都彻底地与后现代主义的开端渐行渐远，这让他们在很年轻的时候一跃成名，并有进一步的发展。

1995 年，欧洲的主流建筑界认为："由于他们，我们看到了雕塑的发展对于建筑的影响，曾经封闭的架构到现在逐渐变得开放起来。"

简单地说，他们在匆匆开始之后，花了很久的时间终于理解了建筑学的精髓。这是一个漫长的反思阶段，结束了时代精神的快速反应。在这个过程中，他们学会了如何去反省以及如何去履行基本原则。他们获得了技术能力，并发展了对材料和质地的详细感觉。

赫 & 万工作室目前的项目证实了他们的设计很受欢迎，几乎没有他们处理不了的建筑项目。他们有了自己的"签名"，是由强有力的材料形成的，而不是仅靠形式。他们对其拒绝的世界保持敬畏，尽管这个世界暗淡无色、毫无趣味，并利用很重的声音去反抗它。总之，他们的建筑作品充满了表现力和想象力，极富灵气。

会说话的物体

按照循规蹈矩的方法来设计建筑是不太可能的，而且对赫尔曼和万伦柯来说也确实不怎么重要。他们更为关注良好的体系结构和最佳的特质，也就是说，他们在设计时既敏感又果断，既充满艺术细胞又经过深思熟虑。最终，便形成了一个能将广告转化为美德、能将困难转化为特色的建筑。他们的建筑物并不尝试实施一个已经设定好的概念，不追求一种意识形态，而是试图探讨生活并加以改进。

用这种方式设计的建筑创造了一种特性。众所周知，如果某种东西很有特点并产生了自己独有的特质，建筑师便会采用这种方式来创造。赫尔曼和万伦柯对我们社会产生的一些非地区性建筑予以强烈的批评。他们的目标是建设一个老式的建筑：和谐而美丽。“当有事情要说，对话要开始建立的时候，美便由此产生。”

曾经，一位女性建筑设计师如此评价：“维也纳仍保持原来的样子，值得注意的是维也纳的建筑很自然地与周围环境融合在一起，相比卢森堡，显得极具异国情调。”与早期的建筑相比，现在的建筑缩减了，虽然是已经建成的住宅楼，但现在已逐渐呈现为开放式的条状，并且分散着分布。

他们强调质量，同样也关注细节，室外空间通常被视为扩大的室内空间，在他们办公楼以外的地方，赫 & 万工作室也想使用通常用在室内的材料：棚架、屏幕和植物等一切强调其外墙具有层次感的材料。

理智的——情感的

在不同地点建有很多办公室的建筑并不是什么不寻常的事情，这一想法中藏有两个根本不同的伙伴：一个是理智，另一个是情感。这两个不同的伙伴在履行建筑方案时采取不同的方式，一个选择了卢森堡，另一个则选择了维也纳。在维也纳，焦点主要集中在大型的城市住宅计划，审查历史上形成的地址和新的城市发展领域；而在边远地区的卢森堡，项目主要涉及几个领域：从政府的行政大楼到公众泳池，从青年旅馆到银行，从学校到家庭住宅。

在维也纳，比较大的方案往往融合构建密集的城市，他们需要一个更引人注目的轮廓，以及比卢森堡更加明显的特色。由于其独特的颜色、标志性的质量或是说在特定的环境下使用的特殊的材料，赫 & 万工作室设计的建筑在众多建筑中脱颖而出。

设计师

两个办公地点，两个合作伙伴，一种设计方法。在建筑师的

研究中，这个先决条件就已经设定好了。赫尔曼和万伦柯都是优秀的绘图员，在早期时候，他们几乎每天都在交流画图的方式，并定期写绘图日记。设计图给予了建筑方案灵感，但这并不是仓促的草图，而是拥有颜色的图像。

现在，他们都以一种更加开放的方式进行工作，更加独立，但彼此都很信任对方。考虑到现在每天正在运行的项目所产生的价值，日常咨询变得可有可无。“我们两个都是差不多同步，但不会进行讨论，通常是默默地沟通，像一对老夫妻。”赫尔曼说。

万伦柯说“不耐心”是他们俩能够长期合作并保持互相信任的一个保证，这样可以避免每天的生活变得枯燥乏味。10 年前，没人能将我跟他的设计图分辨开。

这之后也发生了改变：区别在于赫尔曼更加倾向于市区、智能的风格；而万伦柯则随直觉行事，生活在这片葡萄园和乡村之间的他，在设计上显得更成熟一些。他们俩的个性都得到发展。赫尔曼在莱比锡担任教授，教建筑系的学生；万伦柯设计了他人生的第一步，并因为其设计建造剧院的图纸得到快速很好的实施而感到欢欣鼓舞。

问题是建筑师的设计怎样才能一直令人兴奋呢？答案往往不相同。我们通常可以归因于一些讲述关于桌布和纸巾草图的故事，在这些故事中，就是这样的草图才导致了经久不衰的杰作。

赫 & 万工作室却很明确地不把他们的作品视为艺术品，也并没有将思维片段通过画图将其变成真正的建筑。他们都认为并不是刻意地寻找想法，而是想法找到了他们。就好像我们刚要打开抽屉的时候，解决方案就已经溢出来了。因为，他们俩的设计都是“快速而自然的行为”。

赫 & 万工作室定义其针对建筑的目标是建造能够应对所有环境的建筑。一项好的建筑，其形状总是来源于周围的环境、比例、形式和材料。

著名设计师彼得 · 祖索尔这样形容这个过程：我把精力放在一个固定地方，并对它进行设计；我尝试着听听它的深度，理解它的形状，抓住其历史和意识特征；然后，经过一系列分析观察后，其他地方的图片开始进入，有些让我印象深刻，我带着某种特定的情绪将这些图像放在大脑里。只有当我用一种很特别的方式，透视这些图片时，当我允许一些相似的或是完全不同的东西流入一个具体的位置时，一个复杂而独立的想法就会流进内心深处，然后给我提示，揭示出那些强有力的线条，建立起某些联系。

赫 & 万工作室推出新的项目意味着他们经常遇到自己的建筑。在维也纳，城市化发展迅速，这里的建筑很明显承担着更大的压力。相反，在卢森堡的一个小乡村，人们每天就是做好自己的事。从这里的建筑我们可以看到其发展水平，就像在照镜子一样。

欧洲著名设计公司艾克斯塔的主管曾这样描述："我一直都在拥抱我自己，没有比这更好的感觉了。"万伦柯却从不同的角度来表述："10 年前，这是一个问题。我很批判地看着我的建筑，尝试着去忽略他们。如今，我接受了他们，让他们成为我生命中的一部分。建成的新建筑对我来说就像是扩展自己的办公室一样。我学会了去接受错误，然后，一项好的建筑能让我们每天充满快乐。我尝试着让我的建筑不会从强有力的建筑中有所削减。"

我们的感受，健康还是衰弱，高兴还是紧张，建筑都在影响着我们所做的一切事情。尽管这种影响力不是预先设计的，但是却一直存在。因为建筑就是供人们居住和娱乐的场所，对人们的各种需求进行设计和建造就是建筑师的任务。建筑师不仅仅是设计建筑的功能，如居住和工作，还要设计玩耍和梦想的空间。

我们用感官去感知建筑空间。有些空间是喜欢着你的，让你感觉很渺小；有些是支持着你的，让你感到骄傲，并让你成长。对好建筑的需求应该是感性的，因此看起来似乎已经很明显。在赫 & 万工作室的建筑物中，我们寻求视觉和触觉的对立。他们采

用的材料或硬或软、或冷或热、或有光泽或无光泽、或光滑或粗糙。明亮往往与黑暗对立。

材料

我们感知建筑最重要的方面便是它们的材料。赫 & 万工作室的建筑有一个特性就是材料采用混凝土，在模板被清除之后会显得很粗糙。特殊形成的混凝土珠被用来横向或纵向衔接内部和外部，就像一个基座或是波段。这个不寻常的材料让每一个建筑有一种新奇或是平滑感。不规则突起的投射阴影和材料能够反射阳光。加上浅棕色的特殊面板，这也是赫 & 万工作室的一个显著标志，从里到外创建一个非常特殊的材料作用。

当混凝土表面被涂成黑色时，其效果彰显土质并令人着迷。赫 & 万工作室选择于 1993 年至 1995 年首次选择这种黑色混凝土来建造当地议会大楼，这种做法与现有的建筑形成了强烈对比，显得极富异域风情，仿佛是故意使用不寻常的颜色来突出这栋楼。建筑师在之前的庭院里放置了椭圆弧形的透明框墙，来显示这种材料的与众不同。这种与众不同不仅表现在黑颜色的选用，而且庭院表层添加了可渗透效果，显得简单而又智能。

光线

审美体验是一种外在体验，所有的注意力都直接集中在外观的感官形式上。其中之一就是光线，这是一种单薄而又瞬态的建筑材料。赫 & 万工作室正在着手研究建筑的光线作用，将光线纳入建筑的一项综合元素。光线的解决方案现在仍然很肤浅乏味，因此他们对空间和光线的最佳组合比较感兴趣。赫 & 万工作室对建筑物过滤光线的典型例子就是空间层，格子和屏幕减缓了阳光伸进建筑内层的速度。2003 年，雷克画廊的“亲密照明”被德国建筑学博物馆和法兰克福展览公司授予光线奖和建筑奖。基希贝格设计的联昌银行就是很精妙地使用自然和人工照明的典型例子，展示了中堂和大厅材料的光泽美丽。夜间光线让建筑看起来有一种节奏的深度，消除内部和外部之间的界限。

对比

赫 & 万工作室中越来越重要的一个新篇章便是在旧的环境中建造新的建筑。在陈旧的环境中建造房子早已有一段历史了，要与旧建筑结构有密切关系一直是一项特殊的任务，它要求深思熟虑、灵敏度和想像力。在旧背景下建新的建筑肯定不是能够轻易地调整或适应的。

有时候，我们需要对古代的和现代的建筑进行实际的比较，这样才能使整体效果更加有吸引力，也能让我们学习如何重新评估这些古老的和新式的建筑。有些人在探索两者差别的同时，接受并尊敬这些现存的古代建筑，赫 & 万工作室的建筑师正是属于这类人。站在维也纳古老的广场前，你会看到一座条件极好的古代建筑。但是在它里面，原来的大面包房已经被一座现代办公楼所取代。在原来的空间内，这座办公楼在高度上较为有利。原来的房间高度适于用来搭建不同大小和高度的办公室单元，完成这个典型的改造后，也可以为人们的日常生活提供娱乐。或许近年来这座办公楼附近最优秀的建筑就是将原来的旧式建筑改造为一个老人的住宅。

旧建筑的现代化建设就是一个例子，过分雕琢的整体效果和粗糙但很有生命力的黑色混凝土新建筑之间的冲突是大胆的，二者都能产生影线。但就新建筑的质量而言，有力的整体组合是一个新的层面。赫 & 万工作室正走在一个令人兴奋且独特的路上。我们可以借助密斯凡德罗的一个短语来表述这一方向：“建筑与形式的发明无关。建筑是精神的真正战场。”

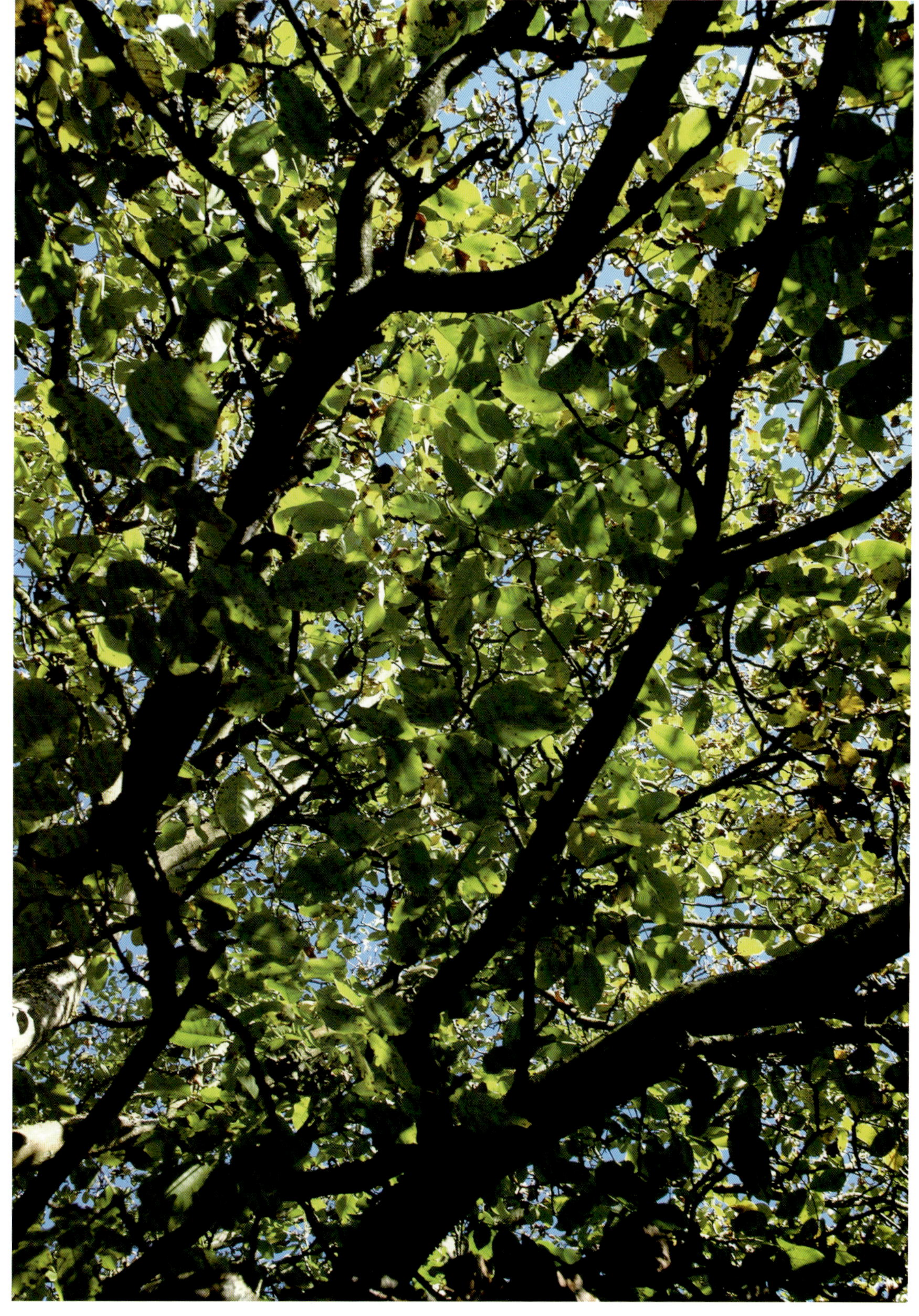

象征

严格说来，我们现在处理的东西是没有用处的，但仍能传达一种信息。事实上，我们沿着边界走到了这里：一方面纯净的雕塑形式形成了一个抽象的符号；另一方面在作为象征的同时也是一个可利用的建筑。后一方面，上海世界博览会的展馆中有一个很好的例子，在典型的卢森堡房子周围有一个围栏，扩大其维度，以便能够在规模上实现一个质的飞跃，让这套房子成为小乡村的城堡，同时用特种钢做外墙，让展馆成为一个抽象的物体。

万伦柯也为他在特里尔的塔选择了特种钢，既作为路线和观景地，也解释了许多建筑师最喜欢的主题。塔，还有一些高层建筑也能称为塔，代表在形式上对创新潜力继承的一种特殊挑战。在特里尔，情感信息不仅在于访问者丰富的经历，而且也在于随时停止和不断继续的外部探索。建筑的不对称性尤其令人兴奋的。我们不知道到底哪个是第一个：游客的“工作”形式还是别的东西？

在某些情况下，他们会重点设计某个地区或是与万伦柯的建筑结合起来。所有这些作品都与万伦柯的图纸和照片有关。他们很简单抽象地表现了之前记录的草图目录和形式，然后很快建成一个模子，它们记录了每一个灵感，然后不经意地融合到建筑的设计中。瑞士罗氏网站建设项目中的一个高层的办公室就是这一进程的原型。

现代城市化大规模的发展

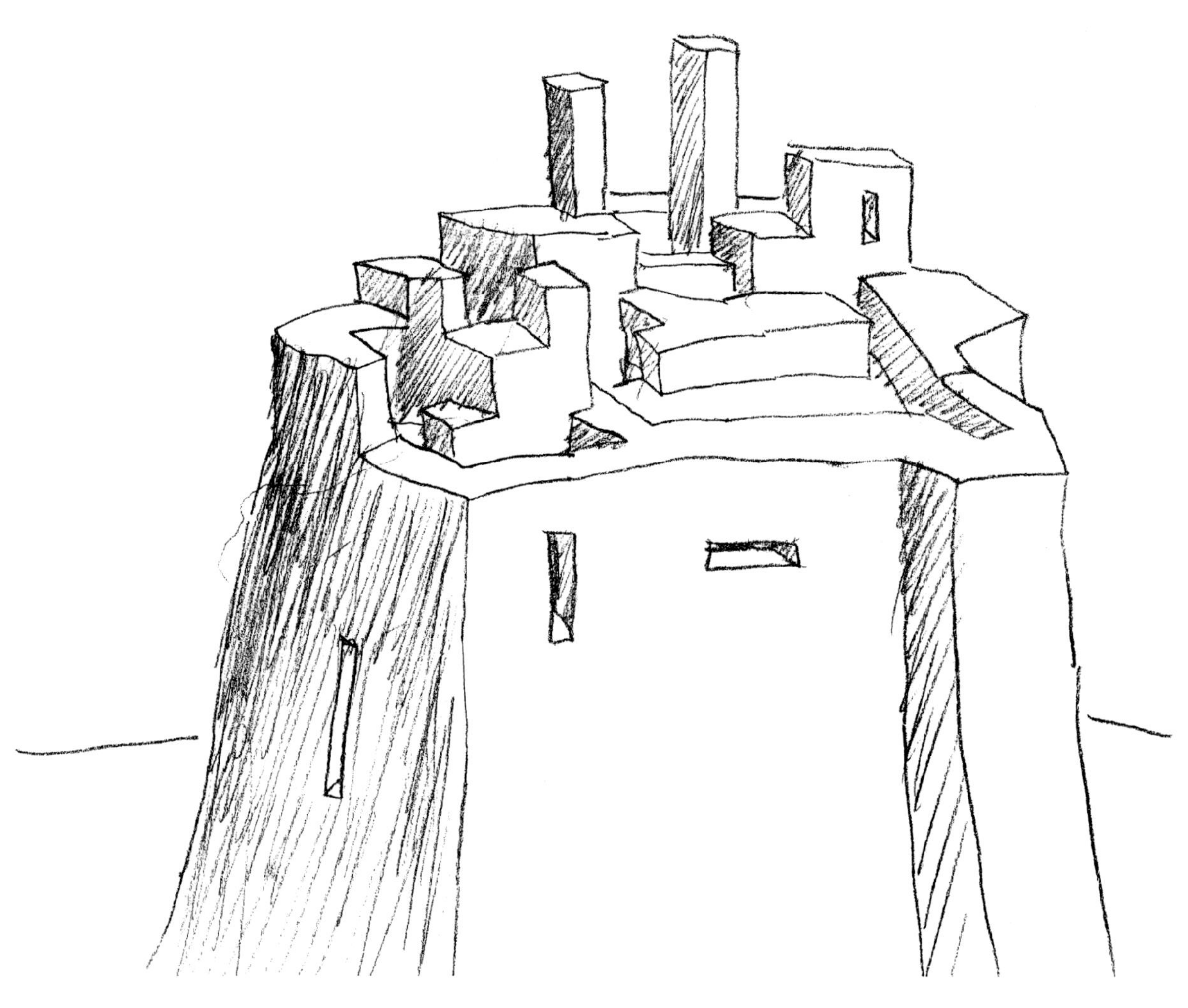

我们现代的欧洲城市相对平凡而又无聊

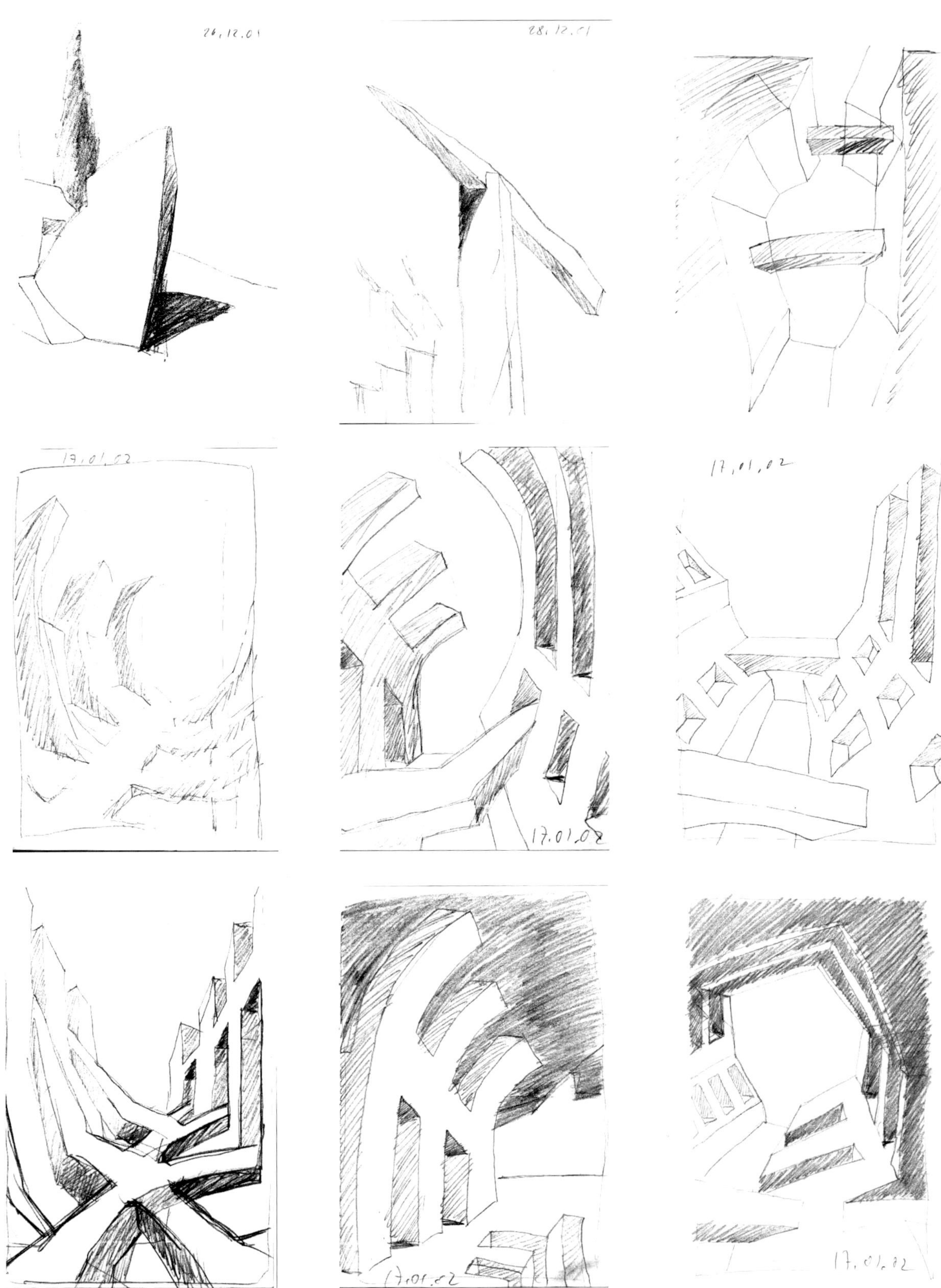

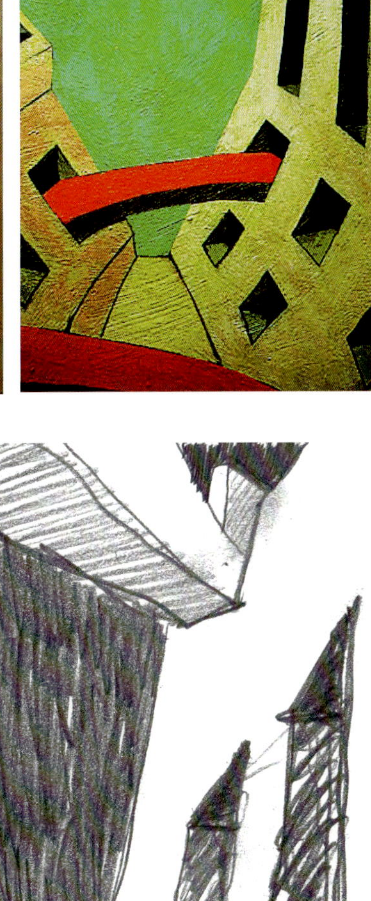

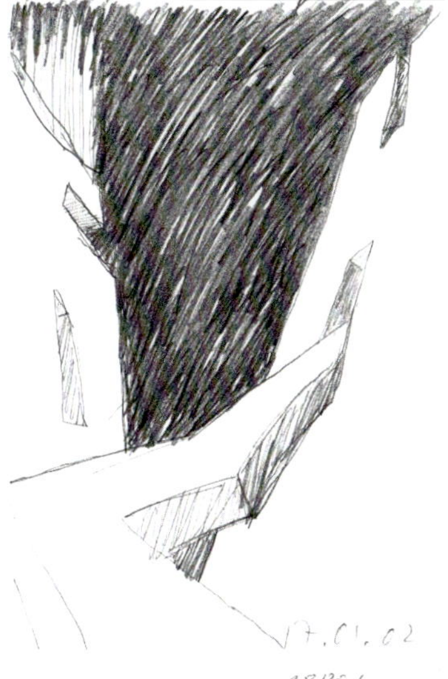

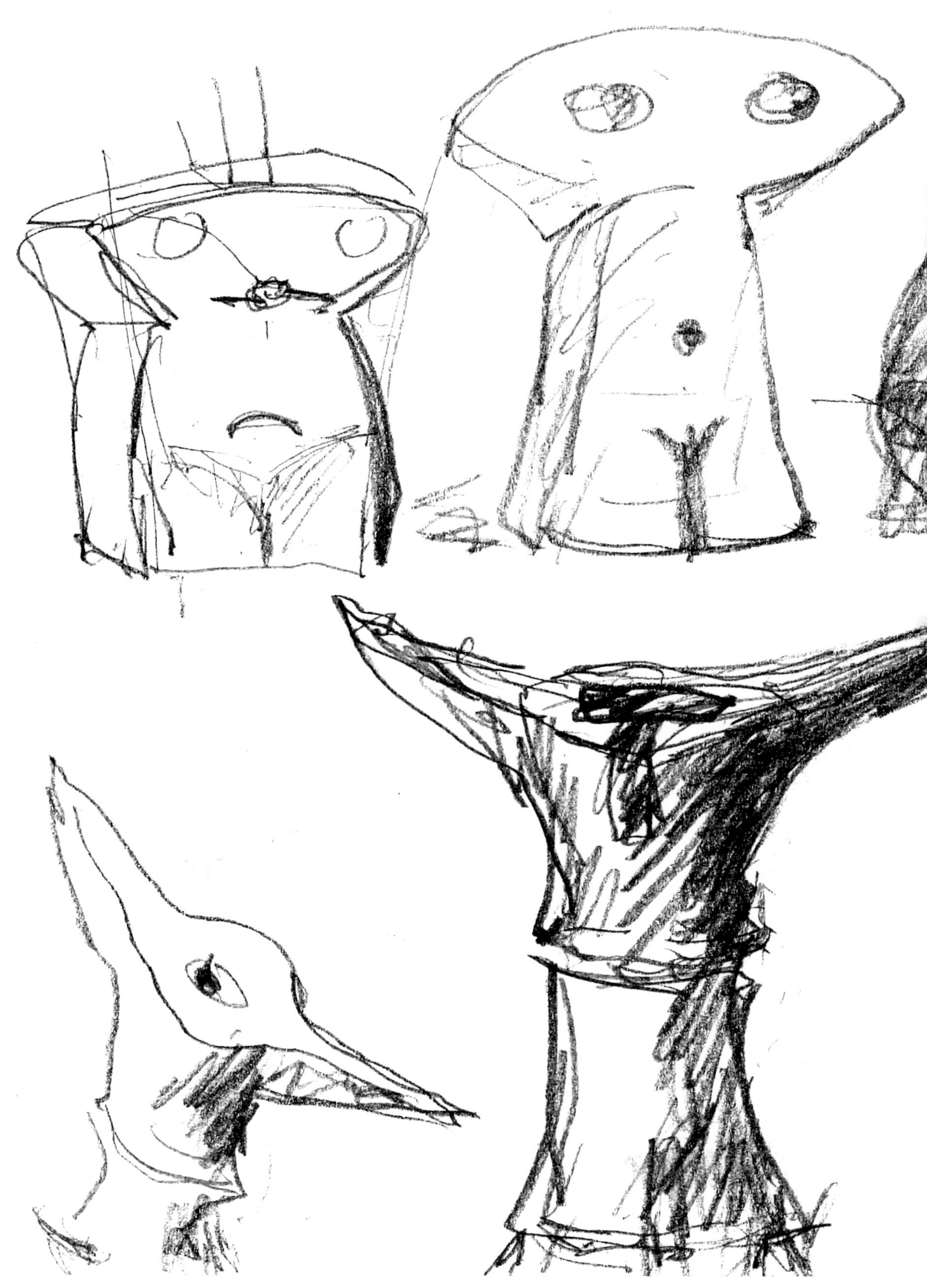

艺术来源于“懂得”

建筑学意味着：反对平凡

只有失去了功能的建筑才能成为纪念碑

工作室

只有当对人、地方和建筑的感知

发展为我的认知感觉，

我才能感受到他们的气息

建筑师的作品与他们的个性息息相关，他们都渴望改善人类的生存环境，这种渴望与生活体验有关，从而能够让他们为我们社会面临的各种文化挑战找到合适的答案。

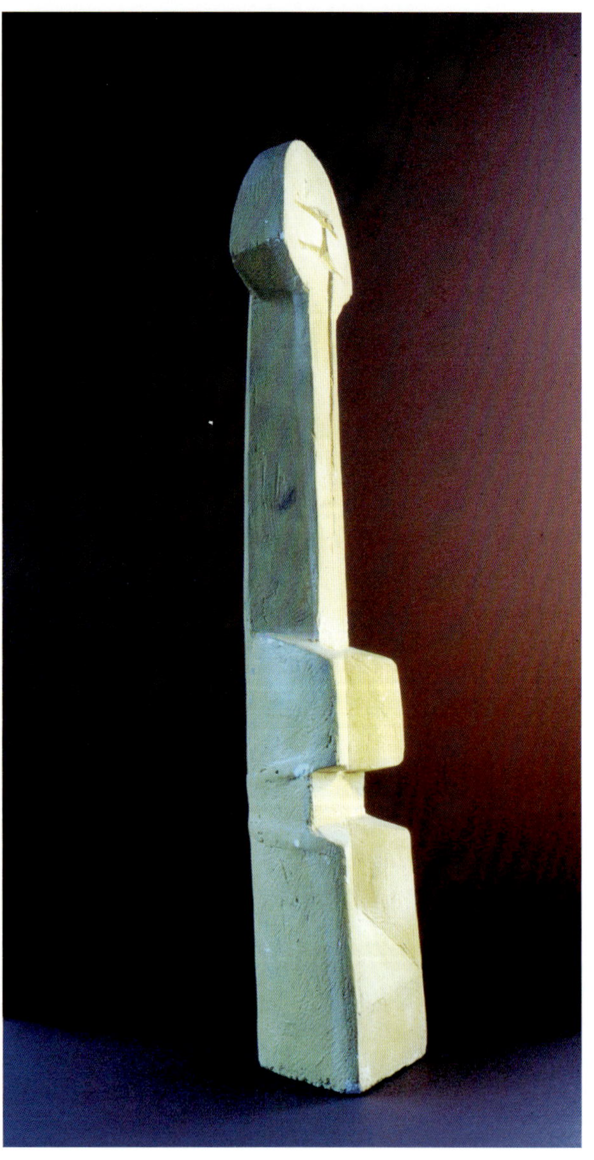

建筑学意味着：尊重创造

THOU HAST NOT

与此同时

建筑学意味着：学会谦逊

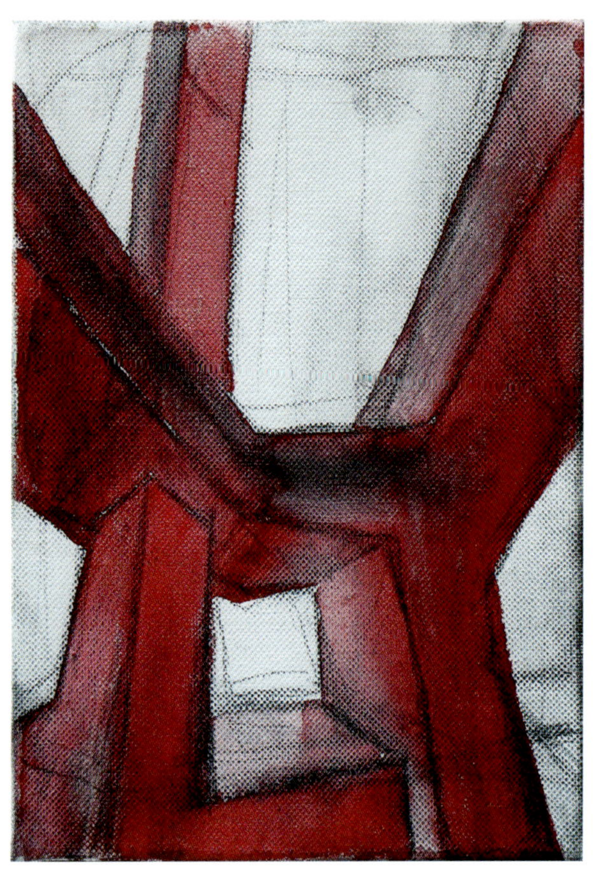

29.01.08
16.01.08
29.01.08

29.01.08
30.01.08
30.01.08
30.01.08

项目和建筑

雷默申生态中心
卢森堡

曾经这里有一块地，到了20世纪50年代末，该地区开始了工业化进程，泥沙都清理干净了。在20世纪70年代的时候开发了大量水源，这个地区开始被植被覆盖。现在，这是一个自然保护区。在功能方面，该项目是针对年轻人和学校学生，以及所有对生态问题感兴趣的人。这里有博物馆和教育设施，主要利用本地区的具体实例处理来说明生态环境和自然保护有关的问题。进入大楼的游客，首先会得到一些有关领域的理论背景资料，然后就能穿过一个木制的行人天桥直接观察动物和植物。

该建筑是用木头做的。看起来是一个向上伫立的船的外壳，就好像是整个船反过来倒立着一样。外表几乎没有任何尖锐的边缘。您从最底部进去，打开空间就会看到门厅和下面的展示空间以及上面一个悬浮的画廊。建筑的一部分站在水上，游客可以在水下的设计部分观察到鱼。

在摩泽尔河谷发现的最古老的定居点就是在这个地区。他们是凯尔特人建立的很长的房子。万伦柯的生态中心也是一个长长的房子。

独栋别墅
卢森堡

苏格拉底认为房子既可以很漂亮，也可以很有用。在我看来，他是希望建筑师在建造房子的时候能够做到这一点。他这样说："如果有人希望拥有一间房子，那么他是不是想要这间房子能够尽可能地适宜居住，尽可能地有用呢？"同意了这个看法，他继续说："如果房子在夏季凉爽，在冬季温暖，难道这样不舒适吗？"他又进一步表示："面朝南的房子，冬天的阳光能照进门廊，而在夏季，阳光经过我们的头顶上方照到屋顶，为我们带来阴凉，难道这样不好吗？如果这被认为是最好的安排，那我们应否兴建面朝南的住宅，并将其建的很高以捕捉冬日的阳光，将北侧建的很低以阻挡寒风？"概括苏格拉底的观点是：如果房子能够一年四季为我们提供一个舒服的场所休息，能够安全地储存我们的财产，这样的房子就是很可爱很舒适的建筑。

在建筑师的办公室，这座大楼被称为"苏格拉底之家"，因为其设计理念是来源于伟大的希腊哲学家的一句引言。它在小镇的入口处，被摩泽尔河的葡萄园包围。从现今的角度来看，用专业术语表达，这座大楼可以算作是一项发明：房子是烟囱形状，进口在北边，烟囱朝东南方打开，看起来就像是种满苹果树的缓缓上升的斜坡。苏格拉底曾想要这样的生活，感觉像是从光明和温暖进入黑暗和冷酷的地带。巴蒂斯塔阿尔贝蒂莱昂采用了这些想法，并将它们以视觉的形式展现在图画上。

在这个建筑中，厨房在一侧插入大楼，采用的是雕塑投影的形式。在厨房的上面是一个阳台，因为卧室就在一层。这个上了釉的能够生活的"烟囱"和它前面的露台专门使用了不同寻常的雕塑框架元素，其中一部分还有树荫，能够保护它不受天气的影响。

露台前面有一个水池，花园的植物都是精心栽培的。

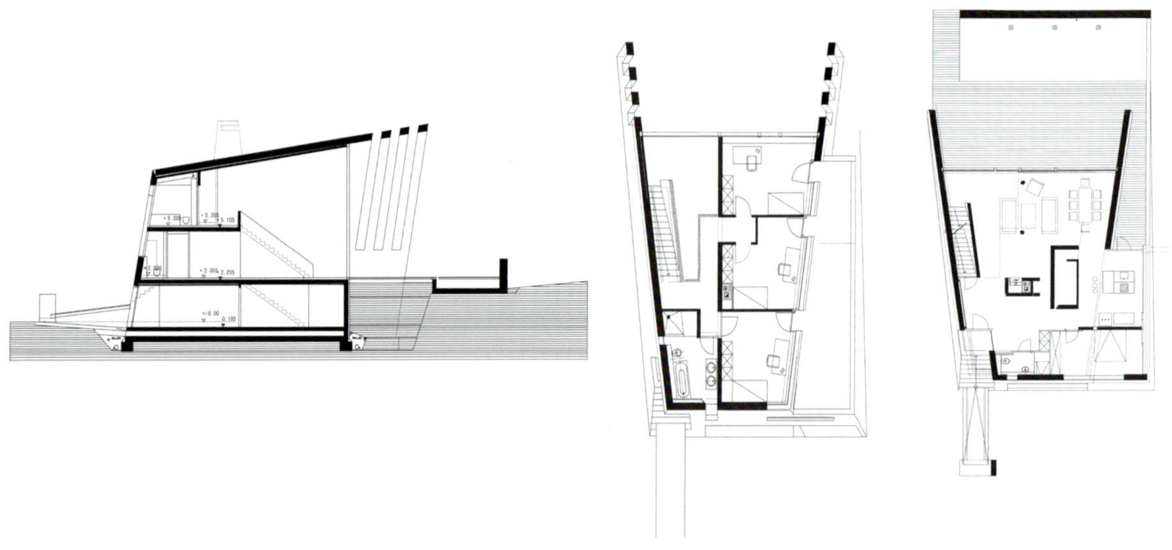

马克斯恩的房子
卢森堡

这间房子也坐落于葡萄园中，能够欣赏到摩泽尔河的壮丽景色。它是石屋建筑的一部分，外面是明显的橡木。它具有承重的木材和玻璃外层。该建筑从三个方面包围内部庭院，东北方面向摩泽尔河，这里有一个大水池，可以当作游泳池，一条行人天桥穿过水潭直通房子的入口处。面朝摩泽尔河的部分和内部庭院是完全透明的。然而，这栋建筑的连接处允许光线进入斜坡。西南方是草坪，东边用来让人们感受各种视觉关系和体会各种光线下不同的心情。

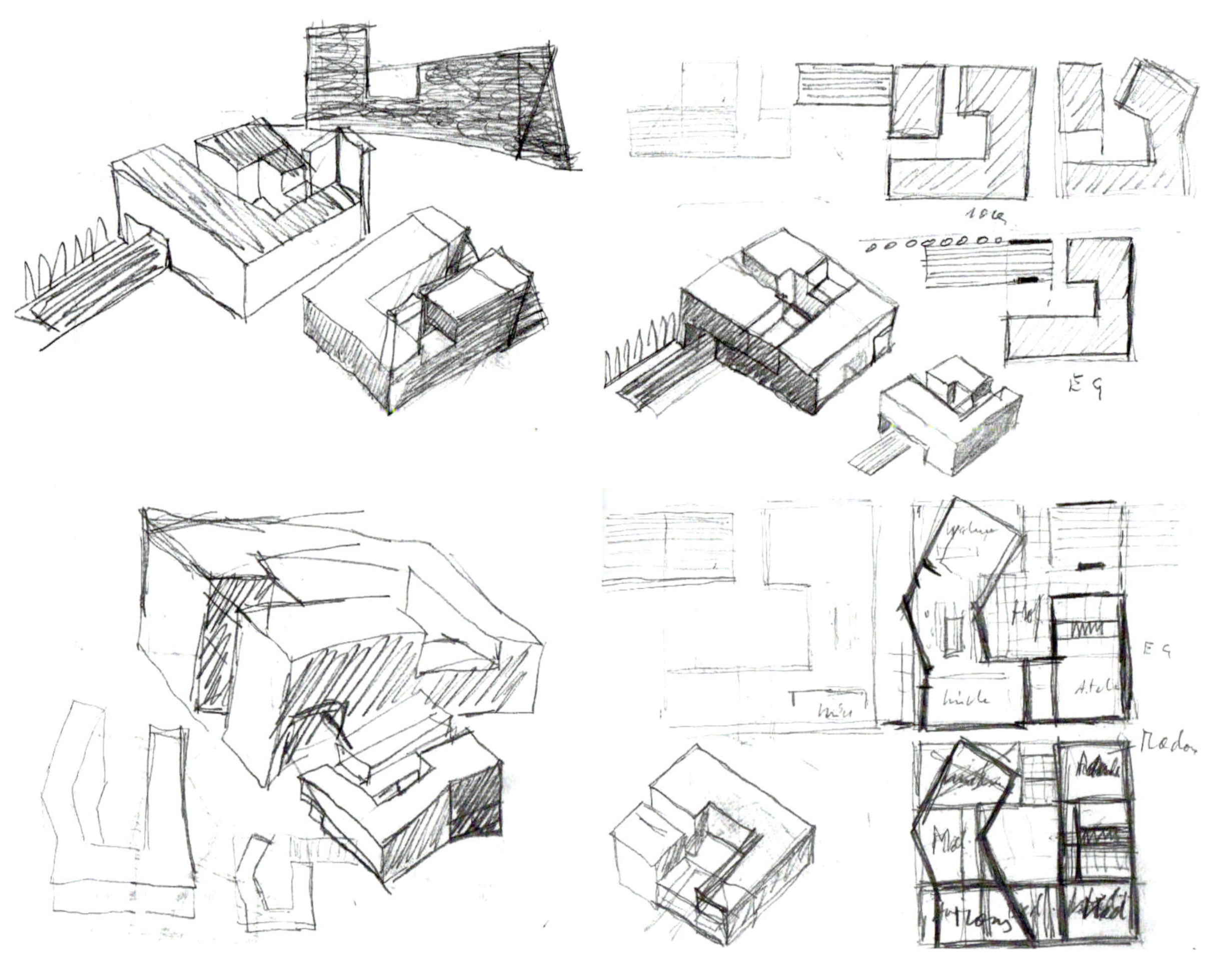

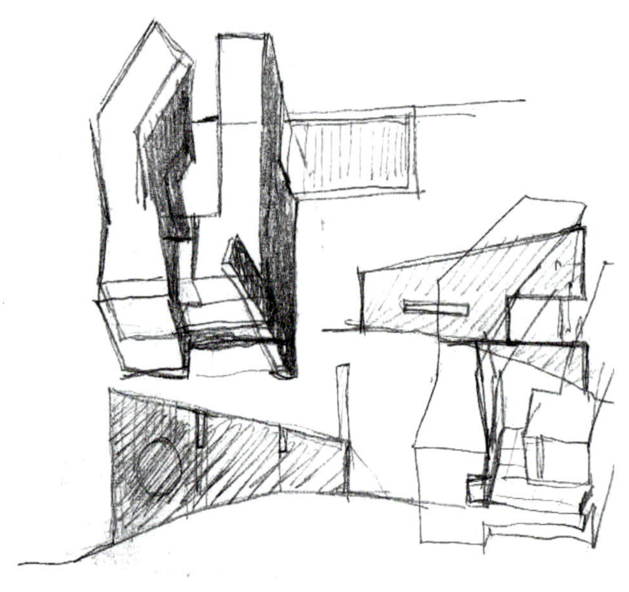

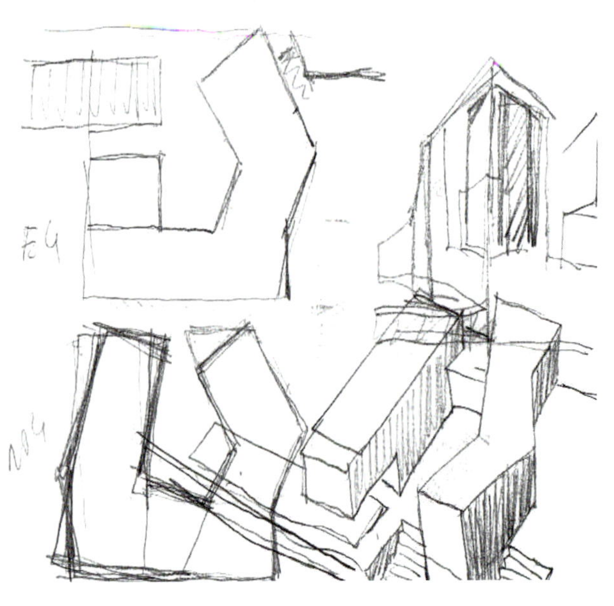

摩泽尔河上的酿酒厂
卢森堡

在葡萄园中有一块斜坡地，这是唯一一条将它从摩泽尔河分隔出来的道路。所有的设施都用来生产、储存和送酒、管理，还有一个专门用来品酒的地方。解决办法：让一个装满葡萄酒的盒子滑落到斜坡上，管理者通过分支器，将这些酒滑到餐厅的区域，同时在这个餐厅区域设计很明显的标志，并将这里用作夏季的品酒地点。在左边弯弯曲曲地通向餐厅，右边允许车辆出入，用来运送葡萄。卡车在房子后面爬上斜坡，以便于葡萄只需要凭借重力作用便可以卸下，而不需要用人工泵这种对酒有伤害的方式。生产领域本身是一个高科技的运用，客户直接参与到设计中来（这个细节有一些小失误，如瓷砖的选择）。

餐厅的前面是一个游泳池，可以看见它连接到摩泽尔河，我们可以清晰地看见“清晰的蘑菇”。穿过地窖，可以在这里停歇一下，这里有一个楼梯可以通向酒窖。里面是品酒室，覆盖室内匍匐植物的木天窗，还有一个很长的酒柜用来展示。

这个项目的施工期很短暂：从 5 月开始，8 月份施工结束，9 月份葡萄酒开始生产。

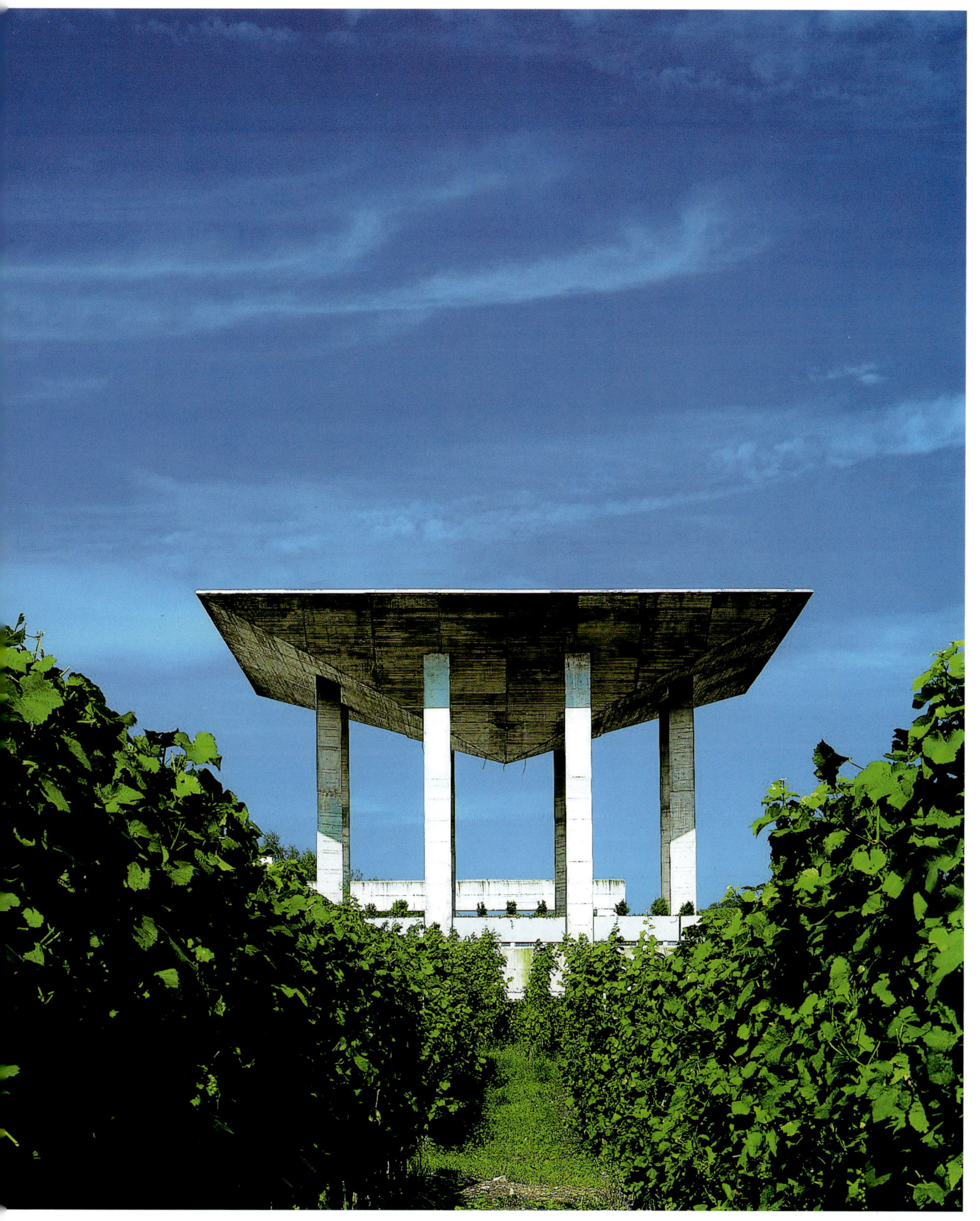

雷默申的棚屋
卢森堡

在这个地区，没有什么比放置葡萄与农业机器的棚屋还要多的建筑了。由于资金紧张，只能负担建造放得下现成品的大厅。因此我们采用了一种积极的方式，用便宜的金属和混凝土建筑，混凝土突出的地方仍能看见。墙壁从混凝土前面直立出来，上面是雕刻着波纹的屋顶。地板暂时覆盖着沙砾(由于成本的原因)。

大厅离摩泽尔谷的葡萄园的山中景区大约 30 ～ 60 米。当你从起伏的屋顶往下看，你会觉得所有的植物都生长得很自然。前面的大厅比较高，后面比较矮。

棚屋并不是由木头做成的，因为在这个区域，经常会缺乏木材。这种功能的房子一般都是用石头建成的。房子已有了很长的历史，墙壁外面显得粗糙而又简陋。

申根的酿酒厂
卢森堡

葡萄酒酿酒者的旧房子在一家私营加油站的后面。这是摩泽尔河谷的最好的酿酒者,因此,“建筑外观”应该帮助他创建一个能够与葡萄酒质量相匹配的形象，这一点是至关重要的。

对新的葡萄酒酒窖的建筑观念严格按照葡萄酒生产质量的需要。葡萄需要轻拿轻放，也就是说不能用水泵，只能用重力作用。因此，这个酒窖的各个不同功能的区域就在空间上从上到下展现出来。

最顶层的葡萄在下落的过程中受到了挤压。这里有一个葡萄榨汁机，在罐里发酵之后，储存在桶里，然后添加到瓶子里，最后运送出去。酿酒者的新房在葡萄园里面，酿酒厂深深地嵌在地下，上面是用来居住的房子。

外层采用传统粗糙的技术，因此整体看起来有点像石头的印象。住宅和附属建筑形成了一个前庭，正对着摩泽尔山谷，还有一个水池用来游泳，下面储存着木桶。随便选择一个房间，你都可以看到山谷和酒窖的酒桶。

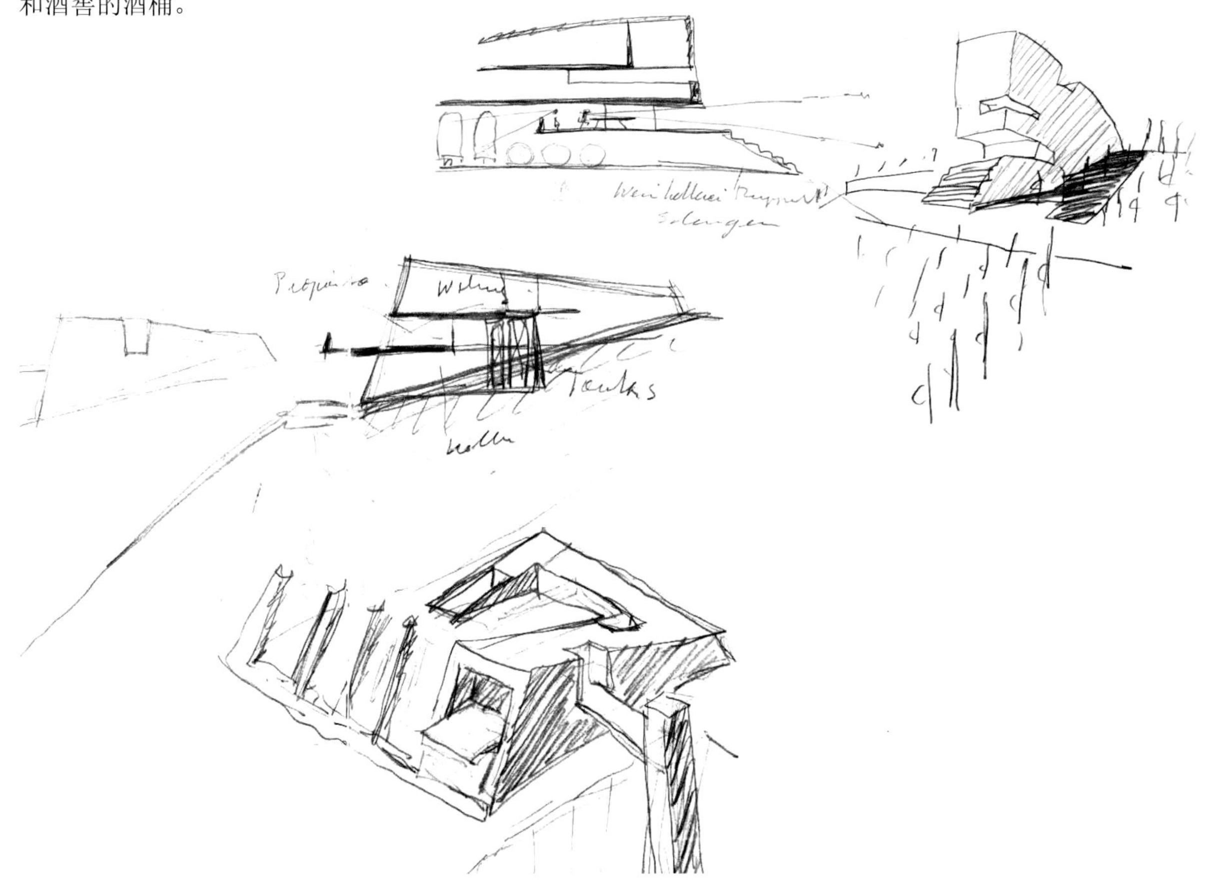

A
B
A'
B'
A
B
A'
B'

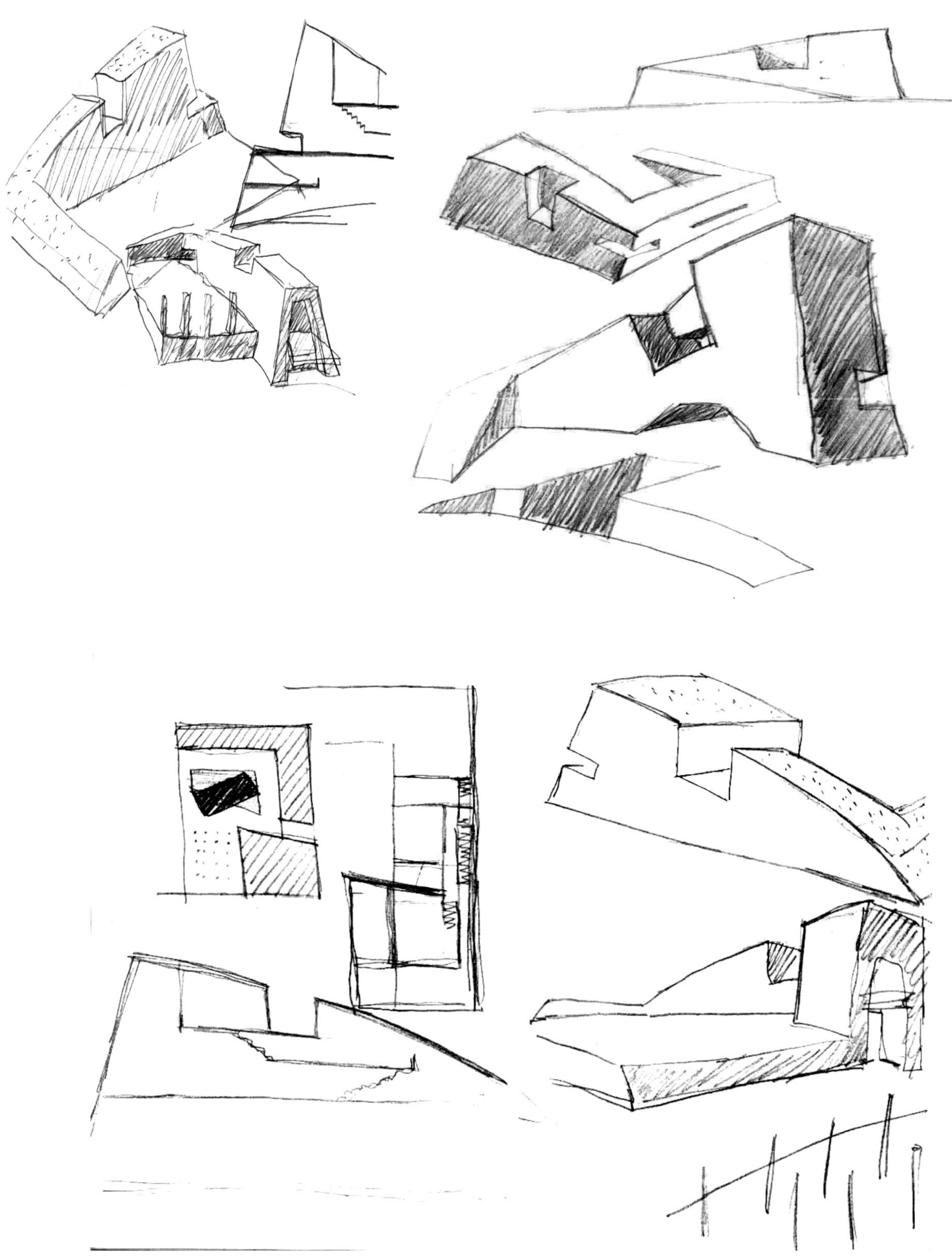

申根的欧盟信息中心

申根是一个小村庄，但在申根协议下它变得世界闻名。目前，到这个小村庄一日游的游客不计其数，他们都想看看这个历史遗迹。这也是建立信息中心的原因。

信息中心位于摩泽尔河岸，在码头上可以看到签署的“申根协议”。这栋建筑是一个矮小拉伸的盒状建筑，伫立公园的一角。这个公园有一座古老的修道院和一座塔，因为雨果曾经在这里生活过而闻名。

这栋建筑的功能就是为游客提供信息，因此它有一个很大的供游客休息的露天区域，还有一个带办公室的休息室、一个吧台、一个多媒体大厅以及各种服务室。广场活动的大厅可以用来作视频展示，进行360度幻灯片放映，也可以用作演讲和研讨。

通向这栋建筑的街道逐渐形成了广场，放着每一个欧盟国家的牌匾。这个建筑的外层覆盖了摩泽尔河的沙子和石灰水泥，然后又涂了一层绿色的皮肤——弗吉尼亚的匍匐植物，而常春藤门外是一个新区域，有很多非常棒的树木，还种有月桂。

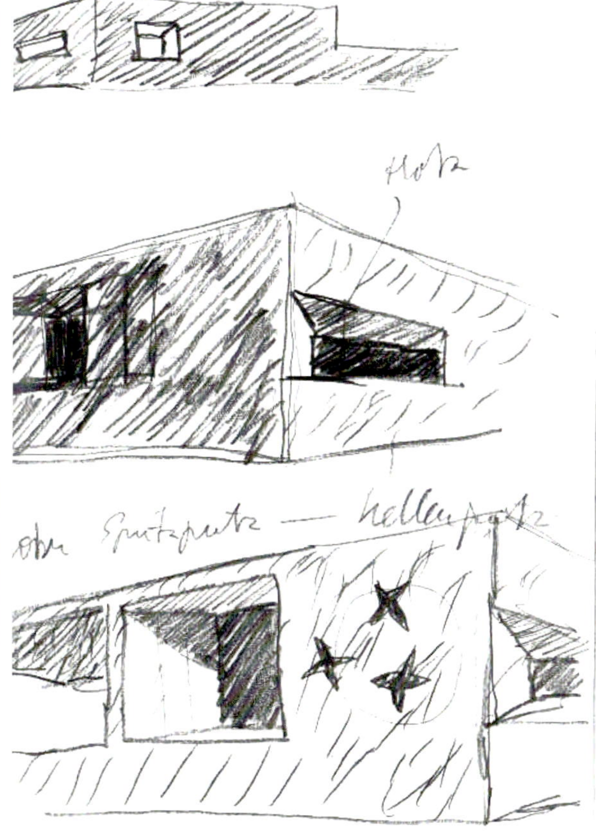
Holz

学校

赫 & 万工作室于 20 世纪 90 年代在维也纳建了第一所学校。街前的空置区域很窄，新建筑连接到现有的旧建筑。但在卢森堡，情况却并不一样，特别是在边远地区，小城镇和村落仍然有绿意盎然的环境和足够的空间。赫 & 万工作室的设计就必须考虑到这些情况。

贝唐堡的第一个大型幼儿园就是明显的例子：在一个宽大伸长的屋顶下面有一个室外区域，该区域覆盖了很大的外部空间，从这个室外区域我们进入一个几层高的大厅，这个大厅既是一个公共休闲空间也是分流人群空间。这种模糊边界并建立内部与外部之间流动转换的战略，在赫 & 万工作室设计的建筑中可以经常遇见。

在建造大的保护屋顶这一概念下，拥有不同功能的个体住宅聚集在一起。这种设计理念被压缩过来就形成了一个完整的类型。在现在的项目中，由于不同的地形情况，办公室采取一个新的设计思路。然而，这种地形需要很多空间，这样才能让建筑与特定的地点相适宜。

第三种地形是广义下的校园。在扩展校园的同时，其建筑也有所发展。在法兰克福大学，地方很大，到处都绿树成荫，还有一列建筑。除了在中心校区建立了演讲厅和三个供学生使用的侧厅以外，这些建筑都有一定的扩展。但这种扩展结构看起来很简单。就城市化来说，这些地区之间是分开的，现在需要加入街道网络，让道路互通。

儿童日托中心

在赫 & 万工作室看来，一个重要的项目，其建筑形式一定是来源于其内容。因此，人们对幼儿园的理解不应该仅仅是一个充满甜蜜的小建筑，而是应该以成人的角度来设计不同的功能空间，并且要很精妙地结合起来。

位置：隐藏在 19 世纪屹立于市中心的议会大楼之后。这是一个只有 2000 平方米的狭窄地方，包括为儿童设计的可用户外空间。这个地方有凉棚，有长满植物的墙壁。它与混杂的周边环境形成对比，在规模上也大不相同。

建筑：城镇议会大楼背后是一个充满活力的运动场所。大楼入口和主要通道特别强调前庭。主要通道从大楼中分离开变成了有蓝色玻璃砖的升降塔，通过每一层的桥连接到大楼。楼梯也是这样特殊形成的：在大楼前面反应外面的楼梯。屋顶采用华丽的设计——长达 8 米的锦盖，扩展了整体效果。

木头：覆盖了前院，让孩子玩耍的地方又增加了一倍。木头主要是用来撑起屋顶。它与透明的硬金属不一样，为外在楼梯提供了半透明的屏幕（也为楼梯下提供了一点空间，对孩子们来说就是可以放置脚踏车和滑板的车库），并为大楼混凝土前面的大片区域的釉光形成一个框架。

蓝玻璃砖：在外面，也在升降塔上。蓝玻璃砖提供了一个信号，并在里面重复出现，二层的大厅提供了很好的光线，并以一种不寻常但很愉悦的方式展现出来：在一定意义上，它在不同的地区变换颜色，不再只停留到天花板上。

为儿童建造的大楼往往是一个色彩鲜明的建筑。它不是单一的仅仅表现儿童情感的景观。如果我们想到年轻人和老人的经验，我们就可以想到它的空间构成其实非常特殊、复杂。

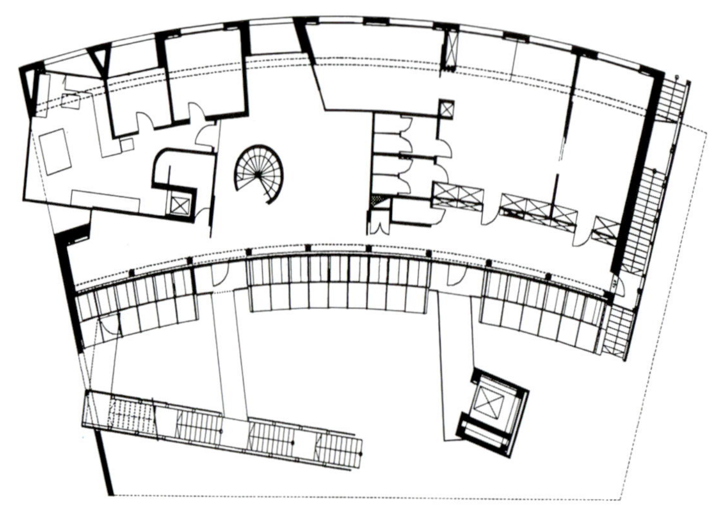

雷默申的预备学校和小学

它是由很多小中心组成的大中心，为申根、雷默申和卢森堡三个地区服务。它位于村庄的边缘，处在一个让人陶醉的乡村环境里。这也是赫 & 万工作室经常遇到的情况。从外部转换到内部有一个非常特殊的性质。它并不是一个确切的、呈直线的分区，而是一个空间的调节者。因此，巨大的有屋顶的入口区域和非常宽大的屋顶，为学校、幼儿园的内部提供了很丰富的体验。从外面到景区再到里面的内部建筑，并无视觉阻碍，这与教室很不一样。地下教室是两个为一组设计的特殊教学房间，一层有顶灯，还有两个不一样高度的房间，创造了独特的氛围。幼儿园的二层教室让空间得到充分利用，较高的地方甚至有 9 米高。

材料的使用也很值得借鉴。玻璃主要是被用作固定釉，也可以用作两个物体之间的连接物，颜色上也有所不同。所有的开放式元素都是用铁链连接的木头片。外层的混凝土也要粉刷一下。

维伦斯坦的幼儿园和预备学校

这个设计具有典型的万伦柯风格，它掩映在巨大的绿色房顶之下。说是绿色房顶，其实是成排的葡萄园组成的一片顶棚。这个建筑的不同区域分管不同的功能。他们之间的空地都搭建了顶棚，这样就形成了一个可供休息玩乐的场所，无论天气怎样都不会有影响了。

这个建筑位于卢森堡葡萄园的正中间，它身处在这种丘陵地形中，又放大了这种地形的主题——这个建筑前面很低，后面却有两层高。

材料：外面是裸露的粗糙的混凝土，而内部采用非常细腻的木质表面与之形成鲜明对比，另外还使用了玻璃。

外形：不断变化的圆角或尖角，内陷切入或向外突出。直接环绕并完全覆盖这个建筑室外空间的是木质的坚硬外表，另外还有一个种满植物的花园。

光线、空气和阳光透过木质和玻璃的外壳倾泻进来，在建筑靠里的地方从天台楼板上伸出来的引人瞩目的圆柱形突出物将会起到这个作用。在加宽的中间地带房间都很高，可以看到景观。

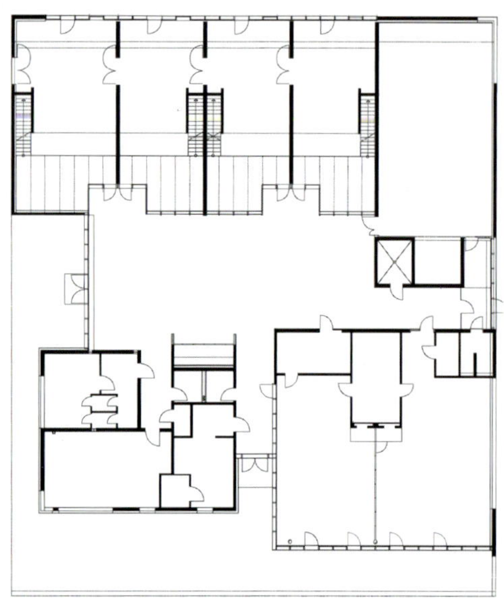

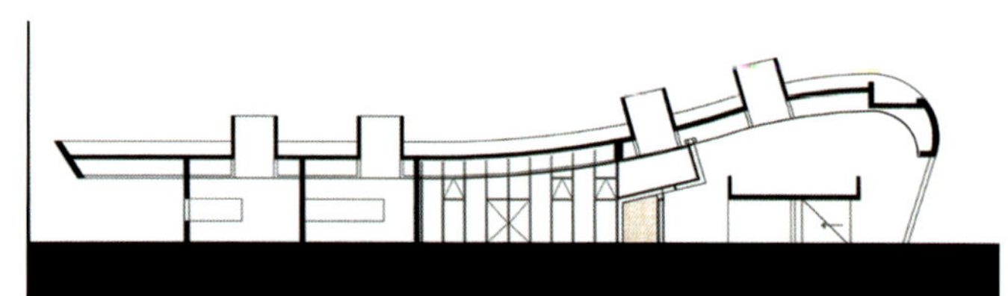

埃斯苏阿兹特的小学
卢森堡

翻修，扩建，变形。这栋建筑始建于 20 世纪 50 年代初期，时至今日已陈旧过时，太过狭小，因此亟待整修；对此的解决方案包括对旧楼的全面翻修以及彻底的外形上的改进，同时扩建一个辅楼来作为新教室，并增建一个功效强大的天棚屋顶，形成引人瞩目的视觉符号。大楼是“L”字型的。老教室所在的楼，即“L”型的较长的那一竖的位置新加了一个隔空层，这里逐渐就成了建筑区域，而且都被漆成浅橙黄色。巨大的天棚顶长 53 米，高 9 米，几乎打破了比例，处于“L”那一横的前端。天棚位于主干道上，靠着新修的教学辅楼而建，由 7 根直径 50cm 的细柱子支撑起来。天棚下就是一个到达区和一个有护栏的平整地带，用于学校休假期间的活动。

这个地区的地形特点是从前到后高度逐渐上升，因此教学辅楼在临街的那一面有两层高，背街那一面就只有一层了，如此一来，所有的教室都处于高处。因此进入教室需要通过外面临街的楼梯。新与旧的对比碰撞在此处显得格外令人赏心悦目。这边是旧楼粉刷成浅橙黄色的内墙，那边却是典型的赫 & 万工作室所设计的露石混凝土所构成的外墙，还有大片的木材与玻璃幕墙。固定的玻璃幕墙和开启的木质通风窗相间的模式使得该建筑在外观上别具一格，个性十足。新与旧，冲突而又彼此融洽。从质量上来说，楼房状况已经得到了极大改善，已经成为一处标志性的建筑。

城市规划

"现代城市化发展的标准都很高。

相比而言，

我们欧洲的现代都市显得毫无新意、

令人生厌。"

巴库林荫大道
阿塞拜疆

让我们走进欧式建筑的另一种风格。从一开始，建筑理念就专注于提高建筑群质量而不是建立某个个性化建筑。巴库城坐落于世界上最大的内陆湖——里海之滨。与里斯的情况一样，这里有一个宽广海滨步行区，今天看起来荒凉而破败不堪。都市生活只属于有历史意义的巴库城中心地带。对这片有魅力的海边林荫大道的整修与改善是重建行动的第一步。但是这个设计不仅仅是设计风格的体现，更关乎内涵，譬如在这样一个因石油采集而生态受到严重破坏的地区，设计方案必须表现出与自然的和解，才能赋予这个城市新的意义。建筑师同时被要求为一处港湾区的游艇项目提供构思，同时为个人住宅设计提供备选方案。海滨走廊长 3300 米，联系着向内陆深入 180 米的公共绿地，这片绿地是当地人喜爱的休闲场所。设计目标是为这个长廊增加节奏感并增加公共服务设施，为居民提供寓教于乐的服务。这个方案的目标就是为现有设施增加亮点，使之能够吸引更多优秀的商业基础设施与更多的休闲设施投资。所有的方案都把地点选在了里海海滨。方案的至高点是在一处延伸入海 200 米的半岛。起初该半岛上包括了一个信息中心，饭店、商店以及水上公共汽车的码头。最重要的是，该方案很好地反映了当地的历史、文化、自然、社会经济和生态环境情况——阿塞拜疆是一个石油产出国。在养鱼场里你可以看到里海的鱼，而正前面是一个画廊走道，记载着那些已经灭绝的物种。两座塔屹立于此，一座里面有个资源博物馆，而另一座里面停放着世界上第一架水上飞机，当初它就是从这里启动的，现在正静静的在此处示于众人。观景露台，饭店，以及一个像桥一样深入里海的漂浮池塘，使得这一切几近完美。

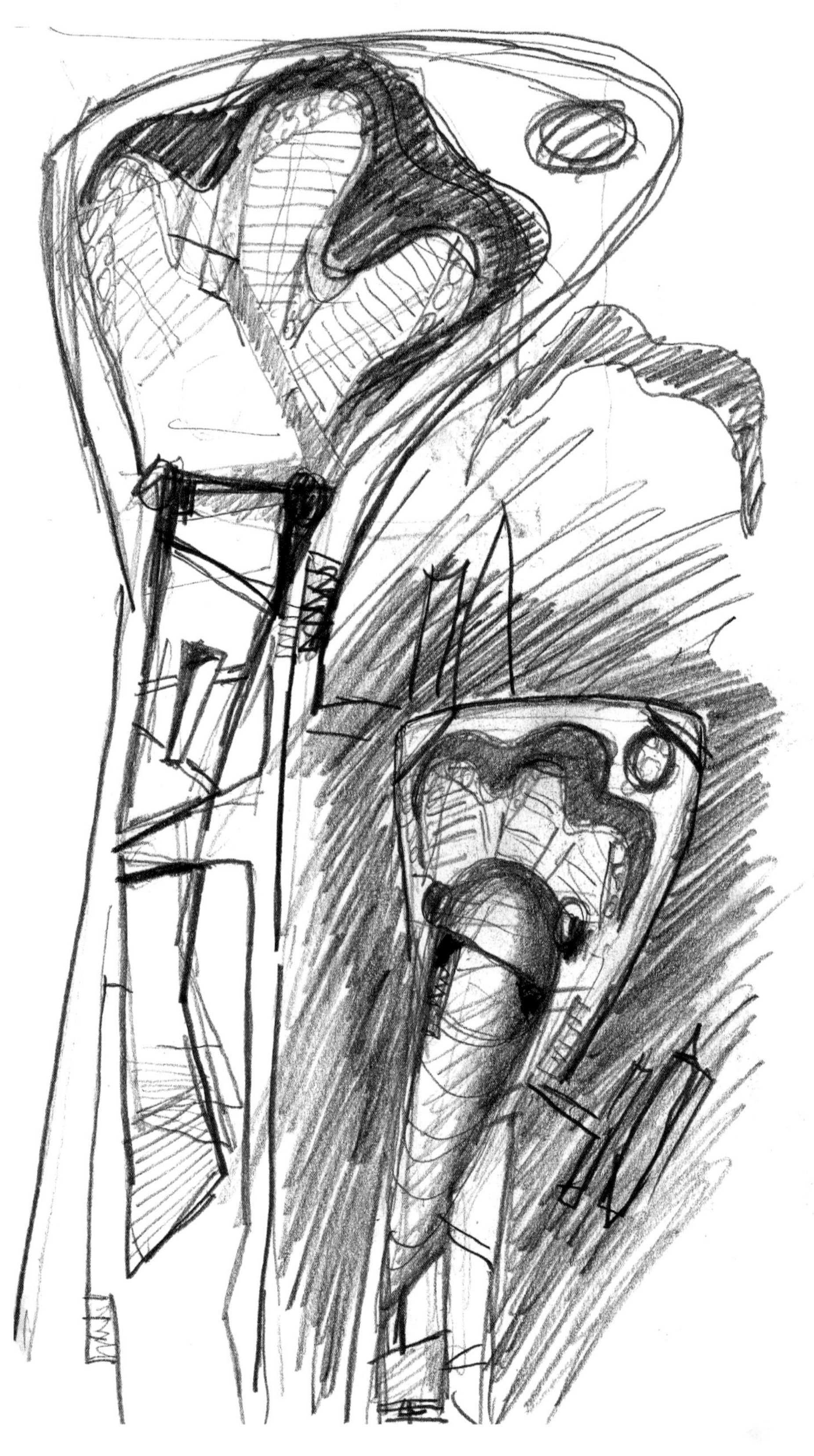

埃斯苏阿兹特的大学
卢森堡

任务：在一处拥有三个高炉遗址的地标性历史工业遗迹上修建一座大学。

理念：以雕像的形式在底座建筑上展现一个前卫、别具特点的建筑物。

该设计不仅仅旨在完成具体功能，也要成为一个清晰地标。毕竟，这所大学仍然在建设中，还没有取得国际声誉，学校大楼根据他们重要性的不同被设计为不同高度。主楼包括大阶梯教室以及所有的基础设施。图书馆建立在一个高炉旁，很好地与高炉的遗迹结合在一起。办公室大楼则采用了完全不同的设计。整个建筑群富于变化，独立建筑元素（如各式各样的礼堂）散布在整个建筑群，一系列的小径、楼梯、坡道与升降台提供了丰富的空间感受。休息区与餐厅同处在建筑群的最高处，可以眺望整个区域。这个项目的另一个特色是，它与接下来的城市规划与交通建设有机结合在了一起。

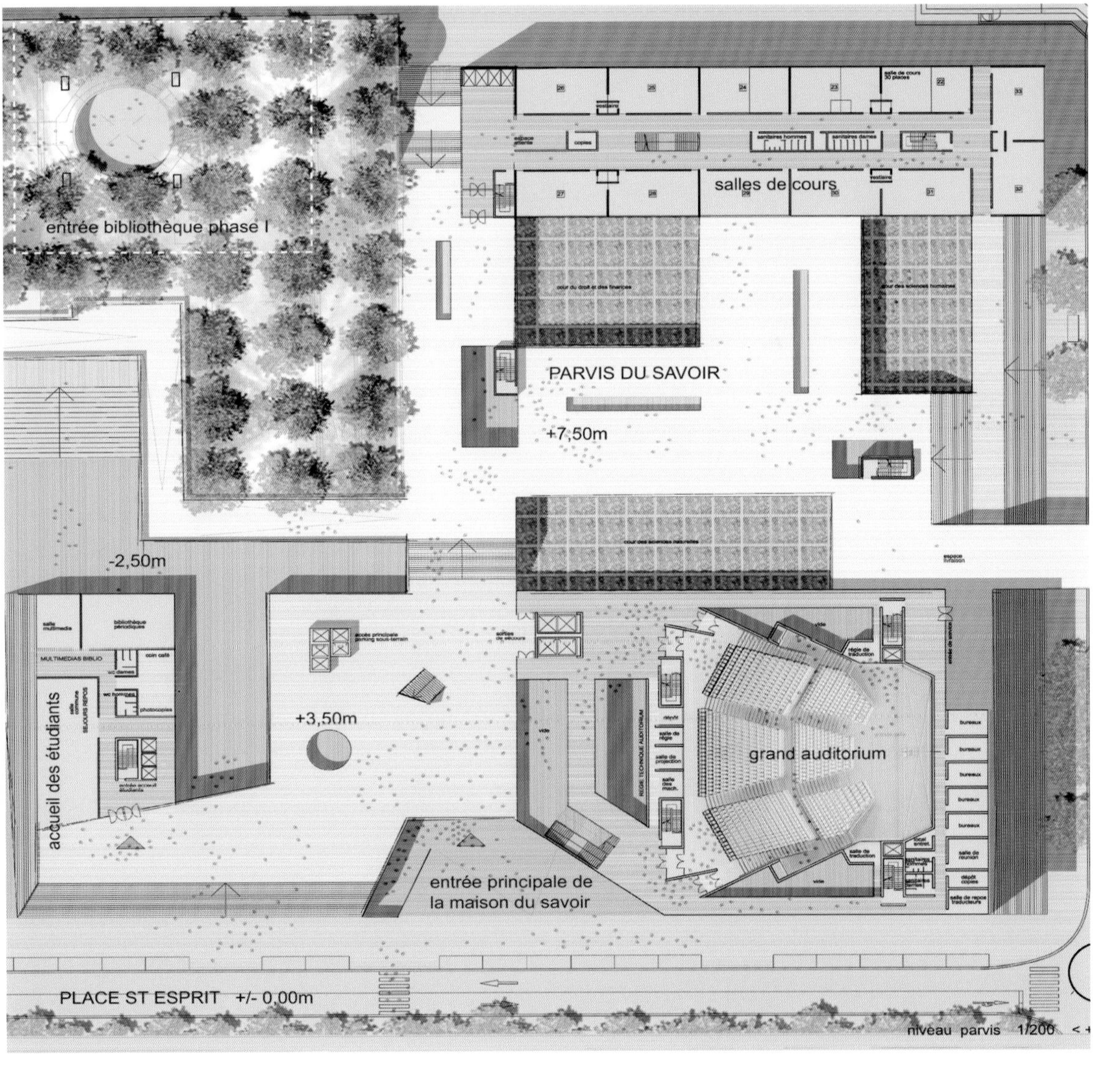

salles de cours

entrée bibliothèque phase I

PARVIS DU SAVOIR

+7,50m

-2,50m

+3,50m

accueil des étudiants

grand auditorium

entrée principale de
la maison du savoir

PLACE ST ESPRIT +/- 0,00m

niveau parvis 1/200

客户：贝法尔公共建设基金会

时间：2007 ～ 2014 年

可用建筑面积：4.6 万平方米

室内空间：27.145 万立方米

室外面积：1.95 万平方米

景观规划：赫 & 万工作室

项目管理：赫 & 万工作室

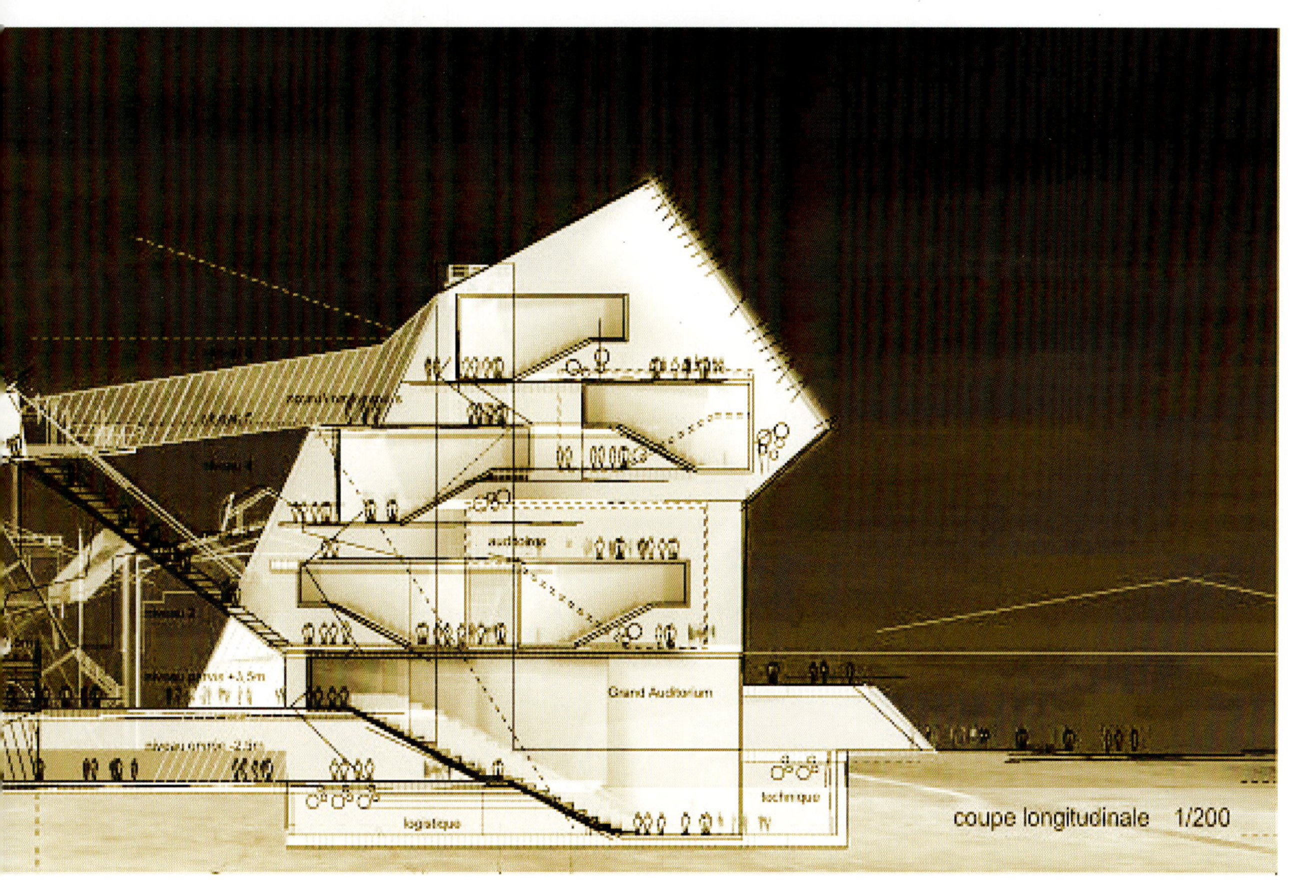
Grand Auditorium
logistique
technique
coupe longitudinale 1/200

柏林施普雷河湾
德国

Berlin Spreehagen

Wohnungsbau Berlin Spreehagen

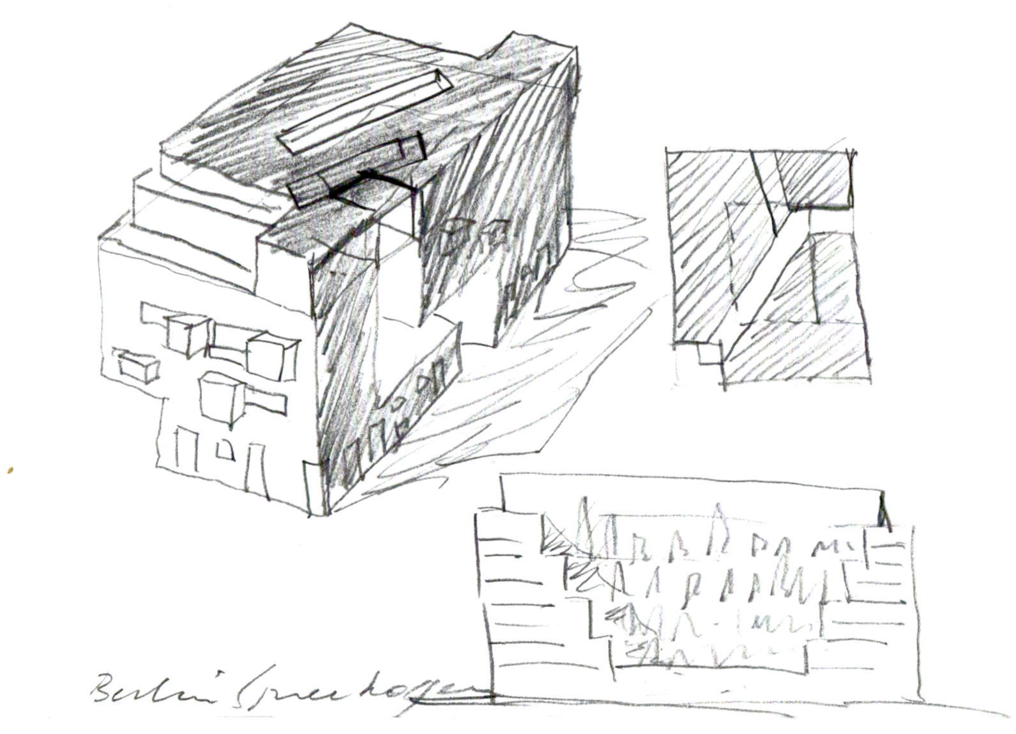

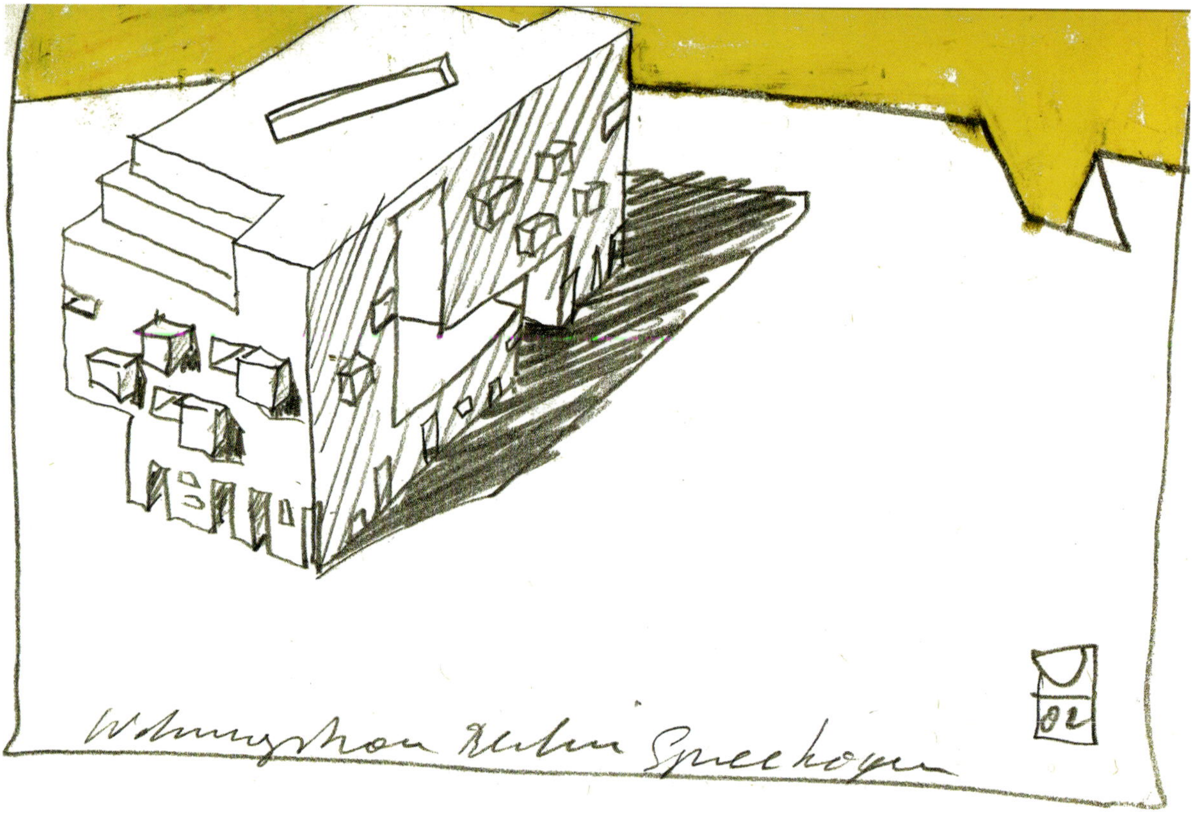

巴塞尔的行政大楼
瑞士

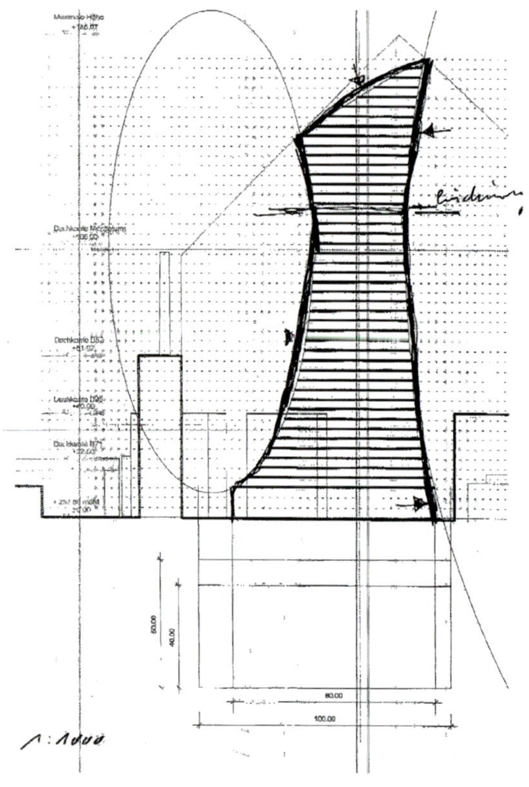
80.00
100.00
1:1000

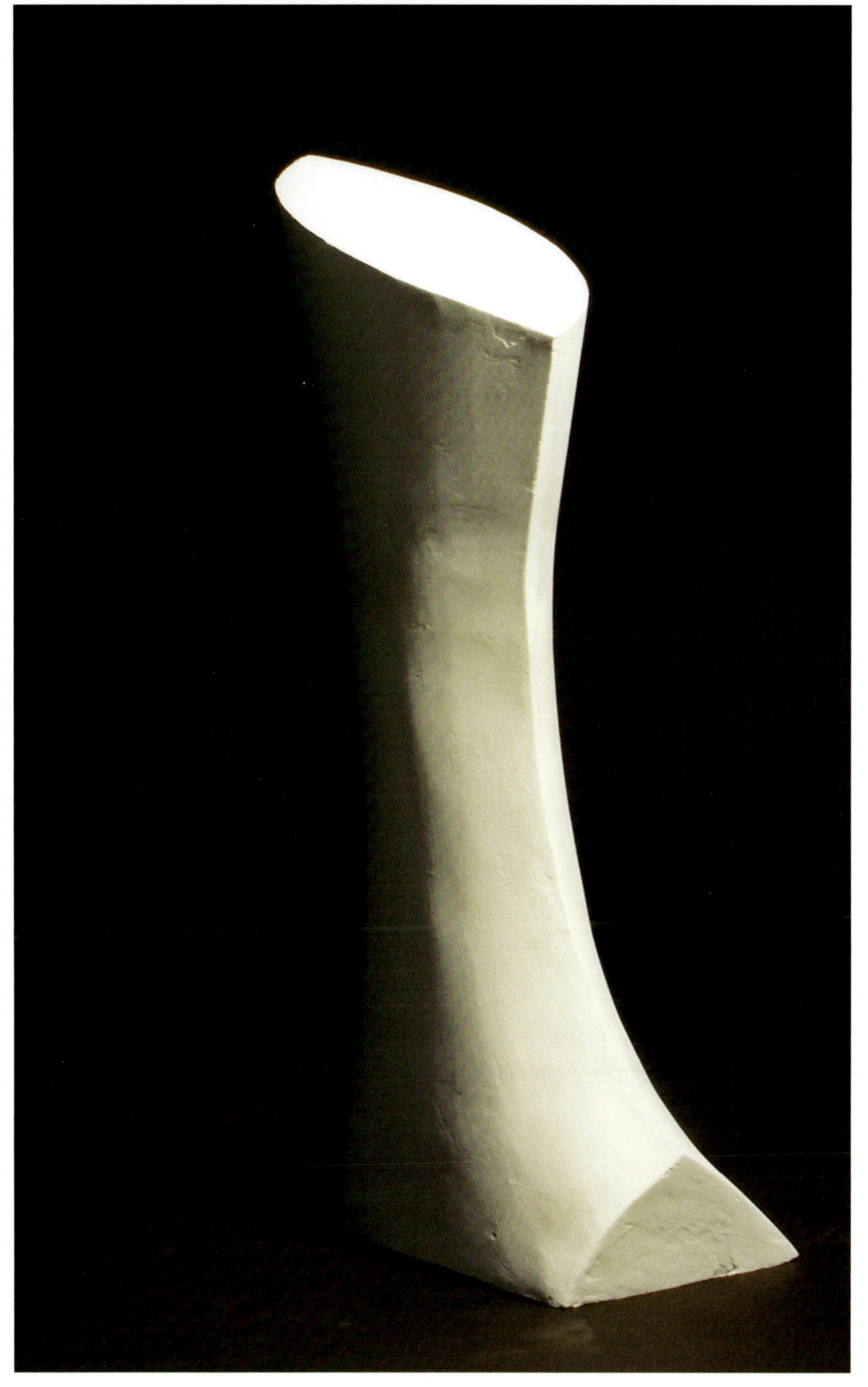

位于卢森堡市区的德国商业银行

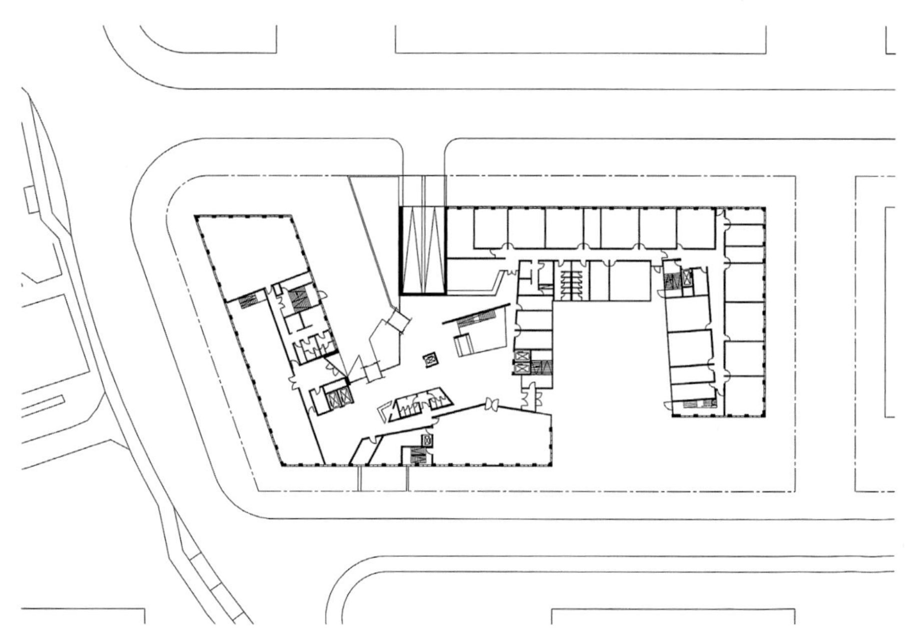

一栋巨大的复式建筑占据了这个地区街道的两块地。实际上，这栋建筑突破了赫 & 万工作室所主张的现代设计的概念。虽然穿过这一片的道路网在这个地方被打断了，但这个建筑构造上深陷进去的切口设计在视觉上延伸了此道路。这种解决方案代表了一种进步，而这种进步并不仅仅局限于现代设计的层面。此切口处被加上了房顶，也就是说，这又提供了一个室外遮蔽的地方，将内部和外部连接起来了；同时这也意味着更大的外墙面积（这将对办公室的自然采光起到重要作用）。出于同样的考虑，在大楼的后面也修建了一个内部庭院，另外，这也给全体员工提供了一个极好的室外空间。由于大厦仅仅依靠一排独立的水泥柱子支撑着，尽管外型很曲折，但看起来还是很协调的。

这是一幢很独特的办公大楼。分为两个不同的区：一个负责个人银行及投资业务，这里不仅仅包括他们工作、开会及保险库（可直接从地下车库进入）的区域，顶层还专门开设了一个提供客户咨询的地方。这些业务区在某种意义上来说也是在展示着自己。从建筑学和设计的层面上来说，所有的标志和信号都传达着开放和透明的味道，给人稳定和安全的感觉。

两个机构从同一个令人印象深刻的大堂进入：大堂里光滑明亮，共有五层，走廊里挂着各种画作。就像前面已经提到的别出心裁的设计——在这里赫 & 万工作室利用了丰富的资源。尤其是在材料的选择上——掺沙的混凝土，大理石以及很多木材。赫 & 万工作室的设计使整个空间显得很充足，室内的设计也是一丝不苟，外部空间的规划也很合理——北部为入口区，南部为内部庭院。

埃斯苏阿兹特的水泥建筑项目
卢森堡

自然发展而成的工业用地，在现实中有数不清这样的例子。它所需要的就是在适合的地方建设厂房安装设备，用不着提任何城市规划原则、命令或者建筑意愿。厂房原来是临街的两层，呈线条形、长50米。赫 & 万工作室利用了一个很强大的建筑物来与之相匹配——一块屏风。在这幢建筑物里有水泥生产商的办公室和实验室。合乎逻辑的推论是：它是一个由预制构件的混泥土元件建成的建筑物，这个决定也反映了紧凑的成本预算和较短的建筑工期。两个办公室面朝街道，地板和天花板都上了釉光，下面的底层有个小卖部、实验室和洗手间，这个底层部分嵌入了相邻的斜坡。

这幢建筑的亮点在于：循环扣，它仍然按计划作为一个联络区，因此在设计和详细说明时加以了适当的谨慎态度和精确度。人们完全可以说这个建筑被设想成一个为商业而建的展示橱，而事实上，这就是它的功能。

CFL
B
INSCRIPTIONS
31 RIV
82 CFL
665 0 020-2
Fals
R 60m
CAPACITE: 75 m³
12.54m
23 400kg
CFL

斯特拉森的温泉疗养中心

一个巨大的公共休闲设施设立在一个交通很方便的景区。计划中的大楼呈椭圆形，容积（用建筑师的话来说）就像一个“飞碟”。交通往来都是在地下的，底层有一个作为分散地的大厅，并通过从头至顶的透明电梯连着游泳区。

从这个大厅进入个人的换衣间、游泳区、桑拿浴室，左拐还能到楼上去。这里有三个游泳区，彼此中间都隔了很宽的种满植物的休闲区域，各自还都有不同的出去的路。前两块区域内提供运动泳池、波浪的水池、漩涡水池和 80 米长的冲浪板等。第三个区包括各种各样的桑拿器材，还可以在这里看到外面的风景。楼上除了行政管理办公室，还有两个餐厅：一个是内部的，另一个是对外开放的。在这里可以观赏到同样具有诱惑性的浴室和外面的风景。

这是一栋经典的混凝土建筑：由于屋顶较宽，且空气中氯气含量太高，屋顶结构采用薄板状的木质横梁搭建而成。大厅的地板、墙面以及有水的区域都采用了同样的顶棚，以期达到一种和谐一致的感觉。在门廊入口处和主要的公共入口处的墙壁依旧是以混凝土的形式裸露着，但上了一层彩色的釉。在所有地方，不管是整栋建筑之内，还是室外，建筑师都一直别出心裁地去创造风景。按计划在第二个建楼阶段，楼上将会建立一个健身中心。

温泉疗养中心

规划开始时间：2004 年　　施工时间：2005 ～ 2008 年
可用建筑面积：8950 平方米　　室内空间：60560 立方米
室外面积：29000 平方米　　项目管理：赫 & 万工作室

海斯德福的老年公寓
卢森堡

海斯德福的古堡坐落于一个长满葱葱郁郁的大树的公园内，这座古堡自 19 世纪建成以来，已经经历了不计其数的改变和扩建。然而，它实在太小，更重要的是，那些器材设施已经陈旧落后，完全不能够为老年人提供与时代相适应的舒适生活。赫 & 万工作室慎重地为此项目做了规划设计，在对外型不做太大改变的前提下，改变了城堡的历史建筑结构；但是却拆除了历次扩建的部分，以一座连着城堡的新辅楼取而代之。辅楼与城堡由玻璃装饰的走廊联系起来。新大楼是南北向的，一边是，面向城堡的装有玻璃的凉廊，而另一边是加了顶盖的阳台延伸出去，正好俯瞰公园。毫无疑问新建筑将混凝土暴露在外很有风险，但这栋楼与周围的环境完美融合，如此相得益彰——环绕在周围的是新设计的户外小河流，还有供人闲坐休息的台阶，修剪平整并精心种植的绿化区——因此不得不说这栋楼本身就代表了一个具有极高价值的设施。这里运用了很多木材和玻璃，空气中充满了阳光、友爱和温暖的味道。还有对老人来说尤为重要的一点：他们感觉自己受到了保护，但由于这里许多地方都具有开放性，老人们也能很好地领略和欣赏外面的一切风景。

特里尔的梦想和渴望之塔
德国

这是一个地标性的建筑，其实与其说它是建筑，不如说是雕塑，它看起来更像是艺术品而非建筑物。这是由圣吉米纳诺家族的人建造的当代版本的塔，充满了大胆无畏的冒险精神。这个建筑是在一次全国性园艺展览会上，卢森堡市将其作为礼物送给特里尔市的。这并不仅仅只是一个没有实际用途的象征物，更重要的是人们可以爬上塔去放目远眺。那些爬这座塔的人就如同踏上了一次朝圣的旅途，一次与上帝相见的跋涉。而当他们凝视着这个既完美又任性的作品时，他们自己也变成了上帝。

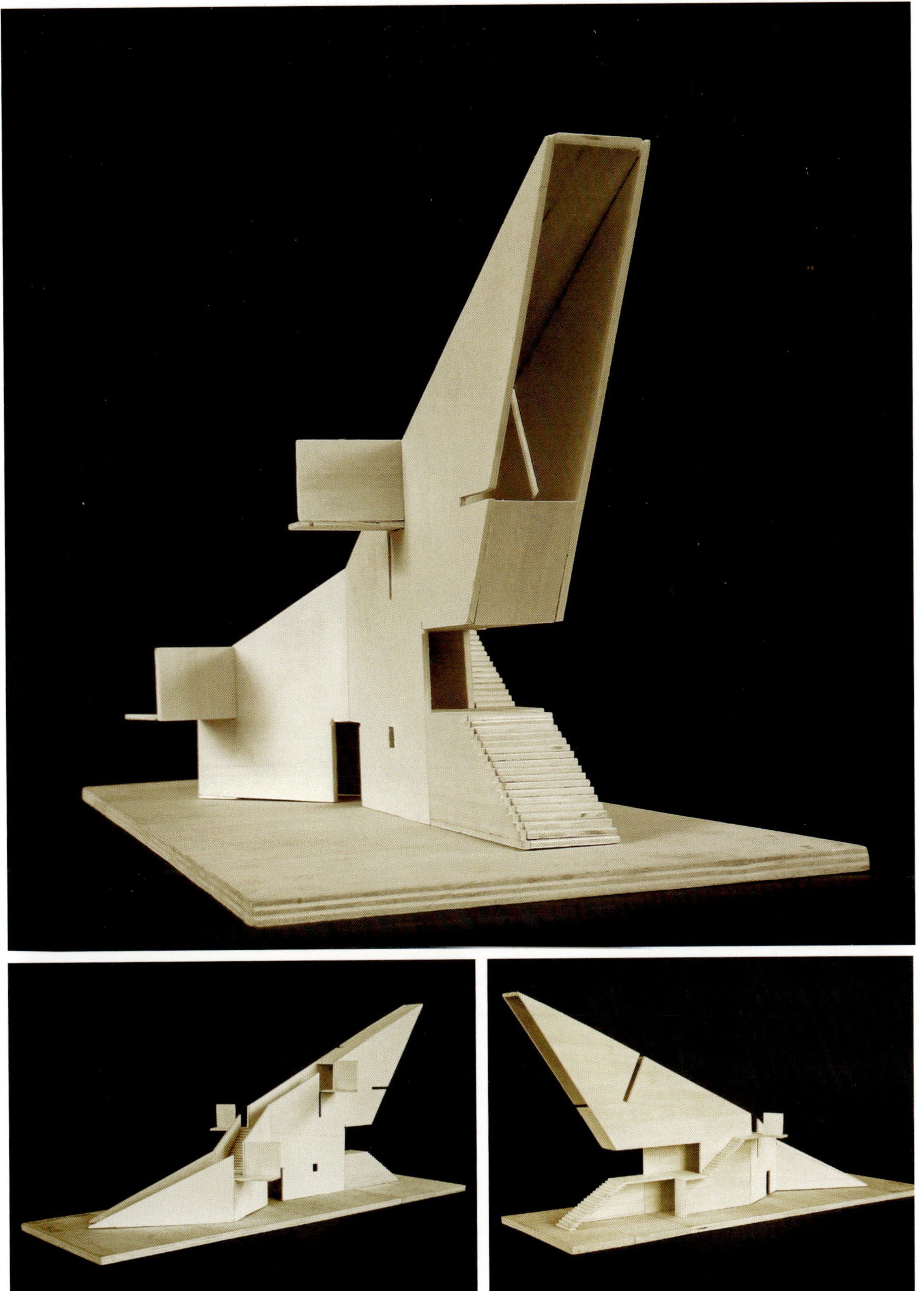

COR TEN B-D 27157 061
COR TEN B-D 27157 061
COR TEN

2010 年上海世博会卢森堡国家馆
中国

世界博览会的口号就是“城市，让生活更美好”。正是这个口号，这一全球盛事的本质和中国的特殊历史文化为这个设计提供了最初的灵感来源。这个展馆是一个整体的外形，虽然它的渗透性反映出了全球的相互交流和沟通，这并没有反映出卢森堡特色。不过卢森堡这个词在中文里意味着木头和城堡——这也被利用起来，通过建筑得到了诠释和展现。这个展馆就是一个身处在绿色树木包围中的开放的城堡。

建筑物的中心是一个高 20 米的塔，塔的轮廓非常抽象，这个明显“夸张的”外形可以追溯到卢森堡传统的单家独户的住宅:这个塔被包含在一个建成的矩形之中，还留有很多出口以供游客畅通无阻地进出。塔和墙之间的空地种了很多树，因为卢森堡被称为“欧洲的绿色心脏”。可以在里面沿着围墙散步，屋顶不仅仅划定了卢森堡的领土，还包含了一个展示的空间——展示着那些对商业世界有用的设施。而文化世界则在塔的内部得到了展示，内部有为特殊盛事准备的贵宾客厅。这个建筑还包括了一个餐厅和一个纪念品商店。

马蒂亚斯·亚历山大 / 文

啊，欧洲！在 C 区，在上海世博会为那些历史悠久的地区留出的位置上，各种各样的审美观争芳斗艳。当然并不仅仅在这里，但是这里尤其激烈。没有丝毫统一和一致性。命名为“快乐街道”的芬兰国家馆利用了讽刺意味的建筑拼接：沿着高架建起的小房子，上面冠以花环。瑞士也放纵自己被这种嘻哈风格感染。他们玩弄着那些老一套的东西，让参观者们爬上屋顶，和他们一起在高处享受摇椅里的快乐。意大利，与之相反，展示了一个非常严肃的石头和玻璃的立方体，分崩离析，互不相联，让人分不清到底是纪念碑风格还是现代主义风格。英国则将其多丘陵的地形特征融入了一个巨大的由发光二极管组成的丙烯酸蒲公英时钟。

终于找到一座房子了，去黄浦江看世博会的参观者们最终都会渴望进入卢森堡馆看看。这个大公园一般的展馆巍然屹立着，在它周围亮丽鲜艳的同伴中显得黑暗，沉稳。其原型就是一座房子，有三角墙和围墙环绕。这个国家所想传达的信息在外部建筑上就已经很明显了。

作为一个极度富裕的国家，卢森堡最大的城市仅有 7 万居民，他们获取财富的主要渠道为农业和无形的金融产品，他们真正践行了“城市，让生活更美好”这一世博会口号。就像卢森堡自己称自己为“欧洲绿色的心脏”一样，他们几乎靠新闻了解所有大城市的社会和生态上的疾病，这些大城市在上海世博会上讨论了计划、科技和经济上的策略来治愈这些疾病的可能性。这就是卢森堡国家馆受游客喜爱的原因。

城市使生活更美好

正如展馆旁边的题词所说，“小也是种美”；这几个中文汉字被刻在钢质的表面上。虽然适用性比较局限，但这表现了他们的自信。欧洲的那种以人为本的小规模城市可能仍是许多规划者所可望达到的目标，但对于这个过于拥挤的世界来说，这样的小规模城市并不再适用。因此，这个展馆首先应该是建筑师万伦柯为这个国家设计的一幅自画像。来自于卢森堡的万伦柯是赫 & 万公司的合伙创建人之一。据万伦柯的说法，他的同胞们更喜欢与人在私人住宅里相互交流结识新朋友。“就像人们住在卢森堡那样，房子应该有一个花园和篱笆围墙。人们更喜欢在这样的地方见面，而不是在饭店或公共广场上。”

现在万伦柯设计出来的房子是经过改变的，或扭曲、或折叠、或延伸、或压缩。就房子的形状来说，设计者作了最大的异化处理，极力让它看起来不像一座房子，给人既熟悉又神秘的感觉，就像一个已经完全被遗忘的童年时的童话一样，给参观者无尽的想象空间。棱角分明的正面上的巨大的窗户给人巨大的视觉冲击力（下面两个小窗，上面两个大窗），从其他角度看房子时，你可以看到美国隐形飞机的影子，这样一个似是而非的形状，肉眼看起来很明显，但却可以逃脱雷达的追踪。此建筑设计的高明之处就在于给人们提供了无限的想象空间。

卢森堡很小，但这座房子一点都不小，几乎将 3000 平方米的展地全占满了。它高 21 米，几乎达到世博会展馆的高度限制的上限。

在设计中，万伦柯还别出心裁地融入了中国文化特色，但他并没有用那些老一套的插入民间习俗的方法，而是将那些引自古代中国的图案形象融入到了他的设计模型中。庭院中形状大小各异的循环铁岛，一部分包围在碎石中，另一部分被水环绕，这显示了对佛教寺院的敬意。外层墙

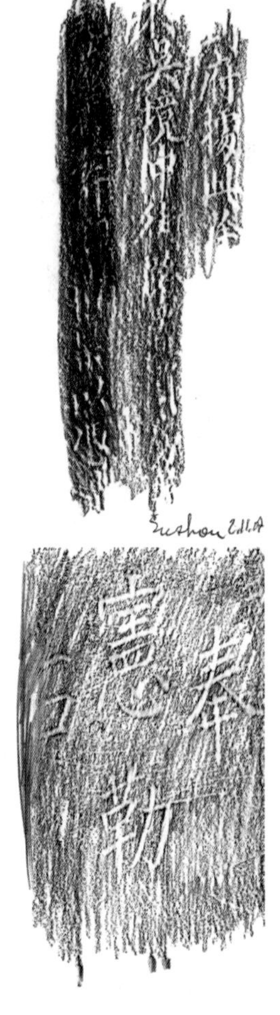

角的盒子状的设计也参考了中国宝塔的样子。

万伦柯为他的展馆外部选择的钢铁是另一处对他的祖国的预示，也就是卢森堡经济发展的第三重要因素——钢铁产业。至少这是上海世博会上使用的钢板的制造商——阿赛洛米塔尔钢铁公司的说法。正如人们所期盼的那样，他们强调此次世博会上使用的钢板都是可循环利用的，这也正好与世博会上到处被人们谈论的可持续发展相一致。展馆内部使用木头镶嵌在墙上，由于可以吸收水分，这就可以减少空调的使用。虽然我们也必须承认这样一个事实——将这些木头从遥远的欧洲中部运到中国确实会对气候的平衡产生轻微的影响。

建筑师并不像钢铁制造商一样，只简单地考虑到爱国和经济发展。出生于1953年的万伦柯很早之前就发现了柯尔顿钢铁，一种很快就会风化但是具有超强耐腐蚀性的钢材。离万伦柯的家乡小镇不远的地方有一艘船，它已经停靠在摩泽尔河畔数十年了。在莉兹贝特2001年为赫&万工作室的合作伙伴作资产评估时，她指出了这其中的重要意义。这艘船被弄上岸后，它所使用的钢材自此就成为了建筑的原材料，不过这种原材料有点供过于求。对建筑师来说，这是一艘理想的船，象征着自然和人类创造出的和谐共存的形象。

这个合作伙伴应该是从20世纪90年代开始对钢材作为原材料产生了浓厚的兴趣。起初，钢铁开始出现在赫&万工作室设计的建筑中，后来他们又将其用于他们的建筑。在卢森堡基希贝格的一栋居民楼前的变电站，就被加上了一个圆锥的头冠。这是参照了阿尔弗雷德·丁尼生所接受的国王勋爵来装饰的。因此，赫&万工作室在开始为上海世博会设计之前就已经开始形成了设计理念的草案。

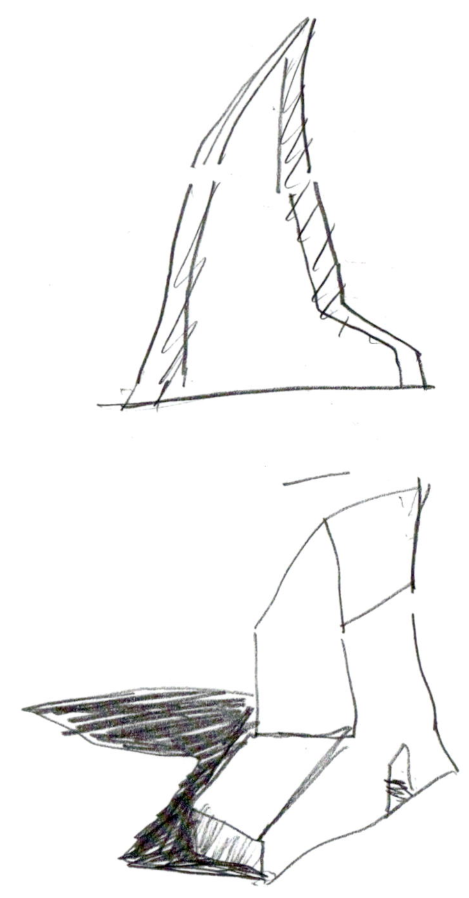

万伦柯在制作“梦想和渴望之塔”的时候首次大量使用了柯尔顿钢铁。该塔是一个巨大的三角形的眺望塔，自2004年起一直屹立在特里尔附近。人们走进这个塔，并不会感觉自己走进了一个传统意义上的建筑物内。相比之下，世博会的展馆显得更加接近生活并可具体地感知。世博会只是一个短暂的展期，或许这是他为什么选择这种材料的原因之一。世博会刚刚开幕的时候，这个展馆就开始展示自己的风采了，不然随着时间流逝，就会迅速失去其风华了。

在其他方面，万伦柯不仅没有让这个结构上的短暂生命力影响到其设计，反而采用了一种非常适合世界性展会的雕刻方法。他的设计就像是每个人一生只能参观一次的博物馆里的艺术作品，在游客的记忆里留下了深刻的印象。德国人这次却做得很糟。他们称之为展馆的建筑，结构混乱，外形也破破烂烂，完全不值得一提。为了弥补这一缺陷，他们在里面展示了很多复杂先进的东西。毫无疑问当游客走出这个展馆时，会比他们进来时对德国了解更多，但对这个展馆的记忆会迅速消失不见。就像是雕塑家不满意放在自己作品旁边的作品，却也不能和博物馆馆长理论一样，万伦柯也尽力不因世博会组织者不经协商就乱排场地的任意行为而生气恼怒。

Haus der Winde

不得不说撞上了这样一个早就对现代规划丧失了信任的建筑师真是一个坏运气。所有的地方都没让他重新拾回这种信心，此次上海之行也不太可能了。不管怎么说，这个事例说明了万伦柯现在已经对自己和这个世界更加宽容了，在那之前他几乎不敢看自己设计的建筑，因为他会因为自己的错误和其他人不合理的要求而饱受痛苦煎熬。

参观者们通过一扇又宽又厚但能轻松打开的大门进入展馆，大门上面是向外延伸出的房檐。进入大门就能看到墙一样的底层。真正的展品所在的房间像山洞一样，墙上都是用传统的镶嵌法装饰的厚松木板。相对而言，以这样的方式来将这个大公国和展馆赞助商想要传达的信息展现给参观者，比通过屏幕展示更加直接。让建筑师感到遗憾的一点是，他无权设计展馆内部的设施安排。这样导致的结果是外部形态和内部内容二者不是很协调。后来有人告诉万伦柯，建筑师并不是一个自主的艺术家，更像是一个工匠，只能在可能调整发挥的范围内保留下自己最重要的理念。他最终顺从了这个事实。当游客们重新回到外面，那些还没来得及看的剩下的 2/3 的路途就像一段很令人愉悦的漫步旅途。不难想象，像万伦柯这样的一个充满热情的浪子，在将建筑与周围景色融合方面会如鱼得水般得心应手。上去的路蜿蜒细长，踏在围墙的平整台阶上，总是会伴随着钢板沉闷的声音。到了顶部，道路豁然开朗，面前是一片种着樱桃树的小平台，同样由钢材铸造的台阶式的水槽，为游客提供了阴凉。这里植被茂密，因为钢铁墙上全都摆放着种着植物的盒子。卢森堡中文名里“森林”的意思得到了很好的诠释。

万伦柯采用了一个早期设计中已经确定好的主题：使生硬、明晰的建筑轮廓变得柔和。正如万伦柯曾说过，这样的设计留下了更多的想象空间，宛如一个遥远的来自摩泽尔河岸边船上的问候。绕着展馆的围墙走，会来到另一平台，这里水槽是圆的，周围环绕着木质长凳。这些小的变化暗示着展馆设计者的匠心独具。楼梯平缓地向下延伸。参观者穿过碎石上的圆形小岛来到灯光辉煌的餐厅。他们穿过餐厅再次来到阳台。因为展馆精巧的设计，不知情的参观者可能不会意识到，他们还没有进入到整个建筑的核心：塔楼。塔楼用于举办活动，一层用于演讲与音乐会，二层有一间贵宾室。松木的屋顶上有互相交错、闪电形状的窗户，同样的线条结构正好也运用在走廊的栏杆上。最引人注目的设计莫过于一个三角形的阳台，它可以展开，宛如一座有栏杆的吊桥。刚柔并济，明暗相间，圆润与棱角搭配，干与湿并存，开放与封闭兼蓄。万伦柯喜爱在材料与形状上增加对比，却并不追求矛盾与冲突的艺术，但是他的设计同样也没有过于追求讨好游客。为展馆选择橙色光照明证明了他的思路，橙色进一步强调了钢的温暖色调，“和谐”这个词可能最好地表现他设计的主题。在多姿多彩的世博世界里，这样的界定刚好凸显了这个展馆的卓尔不群。

结构的合理从来不能从比例规则中直接获得，至少不是人所共知的规则。艺术的美只能通过观赏者眼中的和谐来验明。万伦柯并不是从学术角度出发来理解一个设计的主题的，他在莱比锡的教学生涯也相当短暂。他的想法是从雕刻与绘图中获得。他不是利用电脑通过复杂的公式来获得重要的设计。相反，他通过实物尝试，建立真正的模型。2008 年的展览“密码”展示了万伦柯为世博会展馆制作的素描与纸板模型，用塔楼模型来记录创作的过程。“太宽了”写在一个塔楼模型后墙的中心截面，“还好”写在一个修改之后模型的墙面上，窗户主要由三角型与矩形以及不规则多边形构成，也是通过实验不断摸索创造出来的。与早年的作品形成鲜明对比的首先是材料，其次是规模以及形式。留下的则是后现代主义的萌芽。在 80 年代和 90 年代早期，他们采用对称风格的建筑，经常设计很复杂而又严格由圆、长方形、三角形这些几何元素组成的结构。赫尔曼与万伦柯一直保持着灵活应对外部影响，善于接受变化的风格，尽管改变还是受到他们个人意愿的影响。也许，这是为什么他们两个都成功地将他们的作品归档的原因。显然，阶段性的自我肯定对他们来说是很重要的。分别发表于 1991、1995、2001、2008 年的四部专著，是这两位建筑设计师与时俱进的证明。15 年前，建筑评论家安布尔萨亚曾在一次与赫尔曼、万伦柯的会面时说：“你们的设计里几乎不包含钢、玻璃与木元素。”如今，看看这座纯粹由钢、玻璃与木材建立起的展馆吧。

然而，他们所有的工作都有一个主线，万伦柯在接受英格伯格·弗拉格的采访时解释说："我头脑中仿佛有无数装满创意的宝库，我只需打开宝库的大门。"他确实成功地将丰富的构思用于上海的展馆设计上。只要浏览下第一个陈列橱，这个橱柜陈列的是从 1991 年开始的设计，你就可以看见一幅画，画里描绘了一个三面围墙内的高塔。这幅画作于 20 世纪 80 年代中期，正是上海世博会展馆的预演。类似的场景还出现在各种建筑杂志中，早在 1990 年，赫尔曼与万伦柯为在塞维利亚举办的世博会设计了卢森堡展馆，但最终计划未能实施。同这个模型比较，我们可以看到 20 年来设计师风格经历了怎样的发展。那个时代是后现代主义阶段的至高点。为塞维利亚世博会设计的建筑结构紧凑，采用圆形、三角形与矩形元素相互结合。展现出形式主义的风范，并应用了大量的对称结构。也许是不可避免的，赫尔曼与万伦柯早期令人难以分辨的画风在经历漫长的发展过程之后，已经各有千秋了。这也许是因为他们工作在不同的地点：赫尔曼在维也纳生活和工作，万伦柯在结束了多年的旅行生涯后，选择了安宁幽静的卢森堡。到目前为止，我们可以通过设计图轻易区分出是来自他们两个中的哪一个。上海世博会的卢森堡展馆就是万伦柯一个人的设计。

万伦柯是一位与不同流派领军人物都有紧密联系的建筑设计师。他与他的同胞罗布凯尔有着艺术上的紧密联系，作为雕刻家，他们一起合作。万伦柯同样也十分欣赏与罗布凯尔风格迥异的沃尔夫普瑞克斯。这就足以证明他本身不是一个墨守成规的人。例如，在计划建设中的波恩贝多芬大剧院，他采用了一系列双波峰设计，与上海卢森堡展馆或他生命中其他重要的设计完全不同。你可能永远也不会猜到这两座建筑是出自同一位建筑设计师之手。那些熟悉他风格的人会更容易将上海的展馆而不是贝多芬大剧院归为它的设计风格。也许艺术家万伦柯最具个人风格的建筑就是在上海世博会吧。

“重要的是……材料、规模和形式……

实际上，这三个要素在排序上也是如此。

相比之下，功能是可以替换的，没那么重要。”

13.03.008

卢森堡盧森堡

+5,00m
+2,40m
+2,40m
+5,00m
Etage VIP
1:200
小也是美
Small is beautiful too
15
城市，使生活更美好
Better city, better life
sortie de secur
Zone de Livraison
wc
wc
wc
sortie de secur
Restaurant Lounge
accès à l'étage VIP
régie
scène
Manifestations culturelles
Conférences
Exposition permanente
Information
Rez - de - Chaussée
1:200
小也是美
Small is beautiful too
13
城市，使生活更美好
Better city, better life

Coupe
1:200

小也是美

城市，使生活更美好

Small is beautiful too

18

Better city, better life

卢森堡大公国

歌剧

安德烈 · 谢尼埃

参孙与达丽拉

俄狄浦斯王

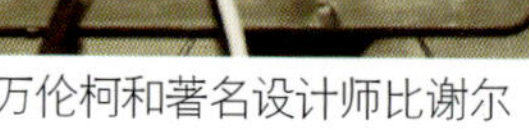

万伦柯和著名设计师比谢尔

万伦柯正在创作

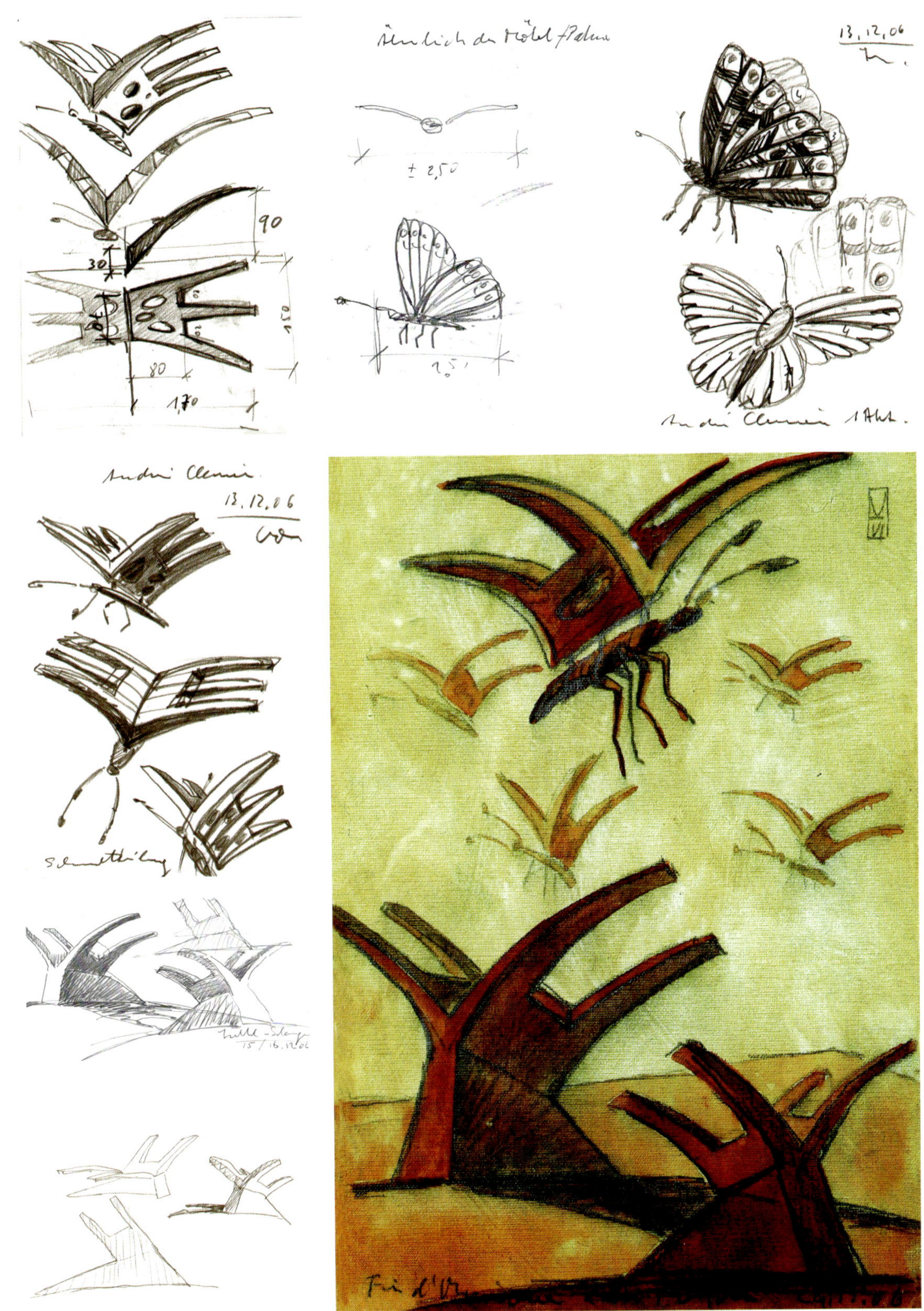

Akt I.

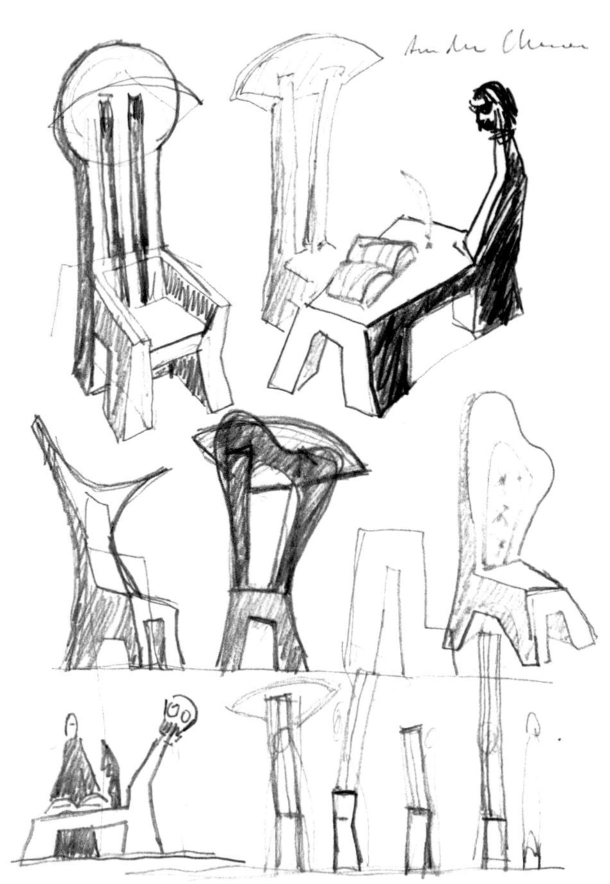

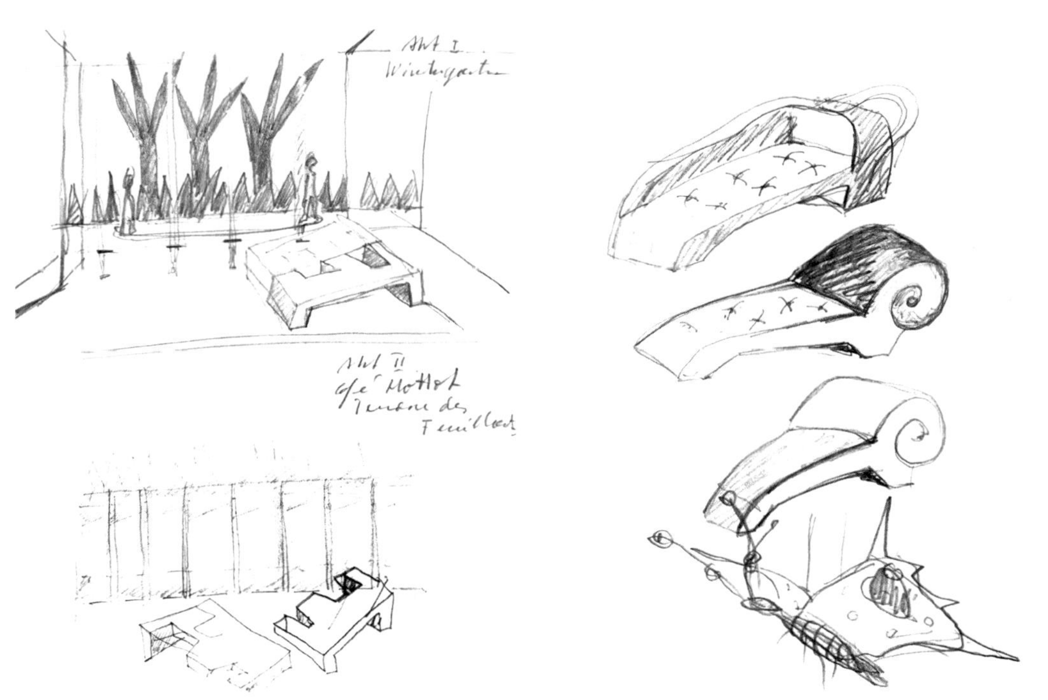

俄狄浦斯王的舞台设计

13.3.06

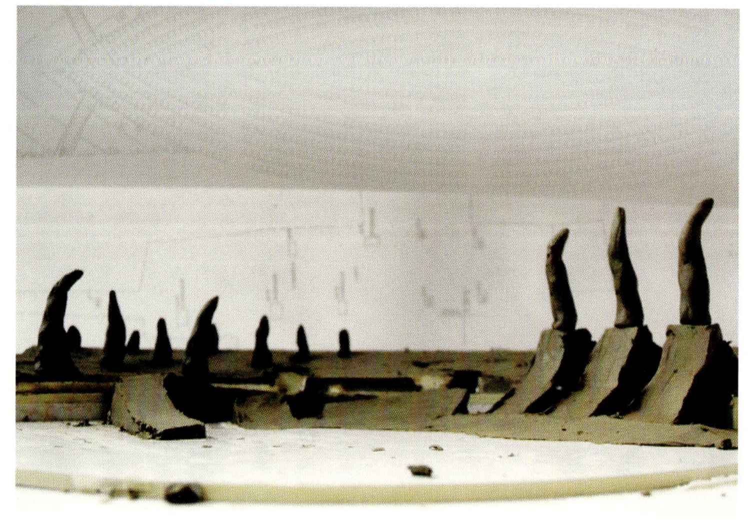

- Horst Rupprecht

17.05.07

Israeliten
1. Akt

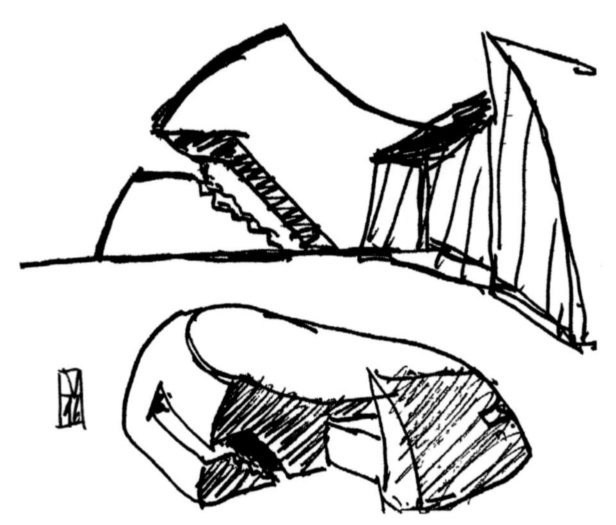

卢森堡工作室一直积极深入地参与文化领域的建设。这种兴趣偏向肯定和万伦柯喜爱歌剧、又是狂热的音乐迷、经常去听音乐会这一事实有一定关系，但更重要的是，这些“特殊建筑”给设计师们提供了在空间上和建筑上大显身手的机会。当然，现在实行更谨慎的成本预算制度，看看“莫扎特故居”就知道了；但是如果整体艺术作品的理念在哪个建筑领域还能行得通的话，只有可能是在歌剧院、戏剧院、博物馆和其他文化机构的建筑上了。毫无疑问，在德国亚琛的卡茨霍夫设计一个欧洲文化中心的任务就异常复杂。此任务简单来说，就是要将非常不相干的一些功能——如文化中心、论坛、城市市民中心以及商业和其他附属功能全部结合起来。此处要将日常生活的各种功能结合人们的愿望，为各种不同的文化盛事创造出一个欢庆的节日。

这个项目展现了赫 & 万工作室在工作中贯穿始终的一条主线：它并没有舍弃当代包括构造上、材料上或是外形上的各种可能性，没有将重点转向最显著的位置上（尽管它确实利用了它们），而是认真严谨地调查了历史遗迹和几个世纪以来发展起来的团结的观念，据说这一观念可以追溯到查理曼大帝时期。

这当然不会是一座保守的建筑。表面上的折叠和倾斜，为了避免屋顶上一个细小的改变而格外用心，所有这些都为这个建筑的最终形成作出了贡献。对于外墙材料的选择亦是如此：整个大楼的外壁都被均匀地镀上了一层铜。

在这里提起在瓦罗茨瓦夫建造演唱会大厅的项目应该不算跑题得太远。在这个项目里，了解古镇的历史背景同样很有必要。这个古镇的特点是雕纹装饰很多且比较曲折，理解了这些后，就要从一个轻松和现代的眼光来全面考虑，然后以一种特殊的方式将这里的白天和夜晚给人的印象展示出来。而挪威港口城市斯塔万格的音乐大厅的都市先决条件则非常不同。它屹立于海边，被当作了一个“地标”。

为了纪念贝多芬而在波恩修建的音乐厅，紧邻莱茵河畔，理所当然也已经成为了此种象征。河中慷慨的激动人心的波浪顺着万伦柯的建筑路线的方向顺流而下，合理地展现了时代精神和自然生物的共生。就如同生长于土地而又栖息于这片土地的某样东西被切碎，切开，某部分还露出了骨骼。一般来说，这些都只能依靠当今的技术材料才能实现。然而，它就那样静静地屹立在那里，如同已经经历过千年的风雨，并将继续这样屹立上千年。这是每个人秘密的梦想，也是现代建筑师们的梦想。

高雅文化

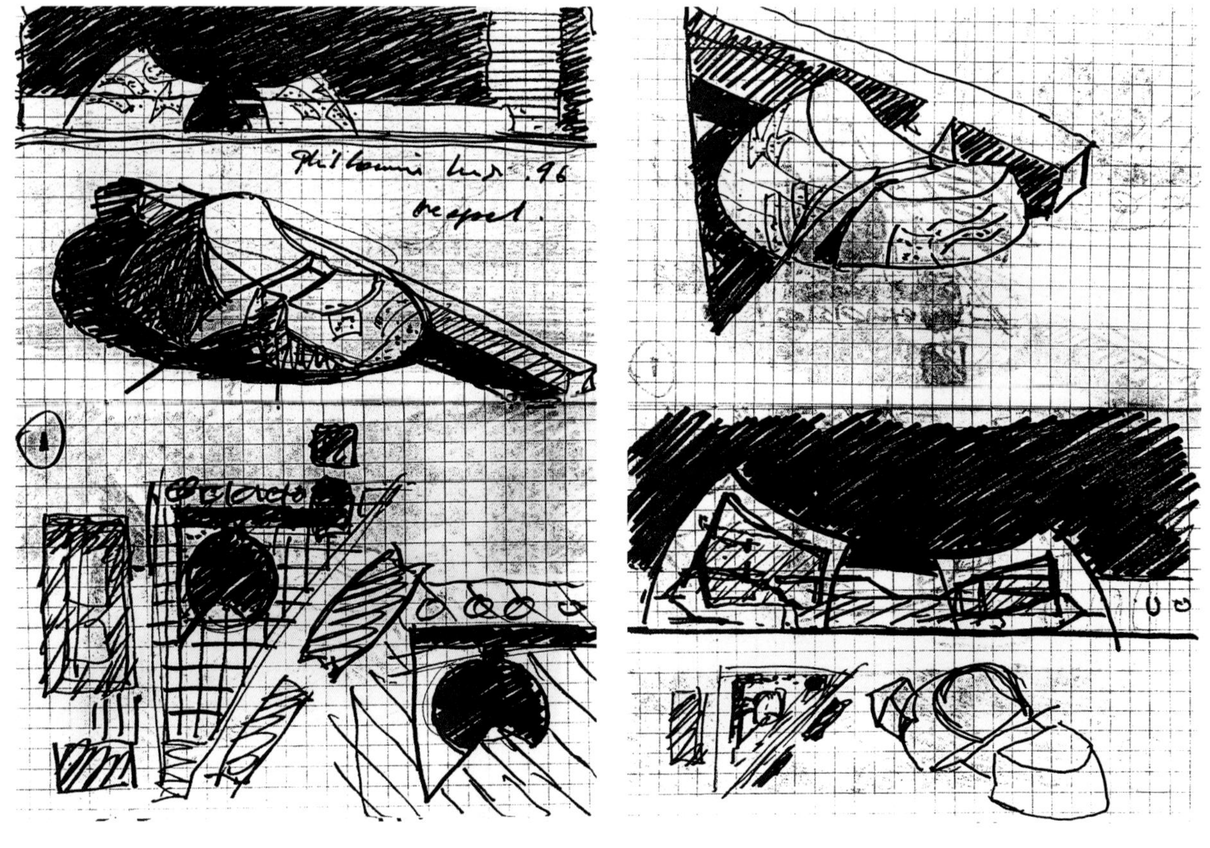

舞蹈表演的立方体

文化中心
德国

Eingang.
Aachen 05 / 17.11.05
+ beschichtete Glasflächen
+ patinierte Kupferplatten

弗罗茨瓦夫的爱乐交响乐团
波兰

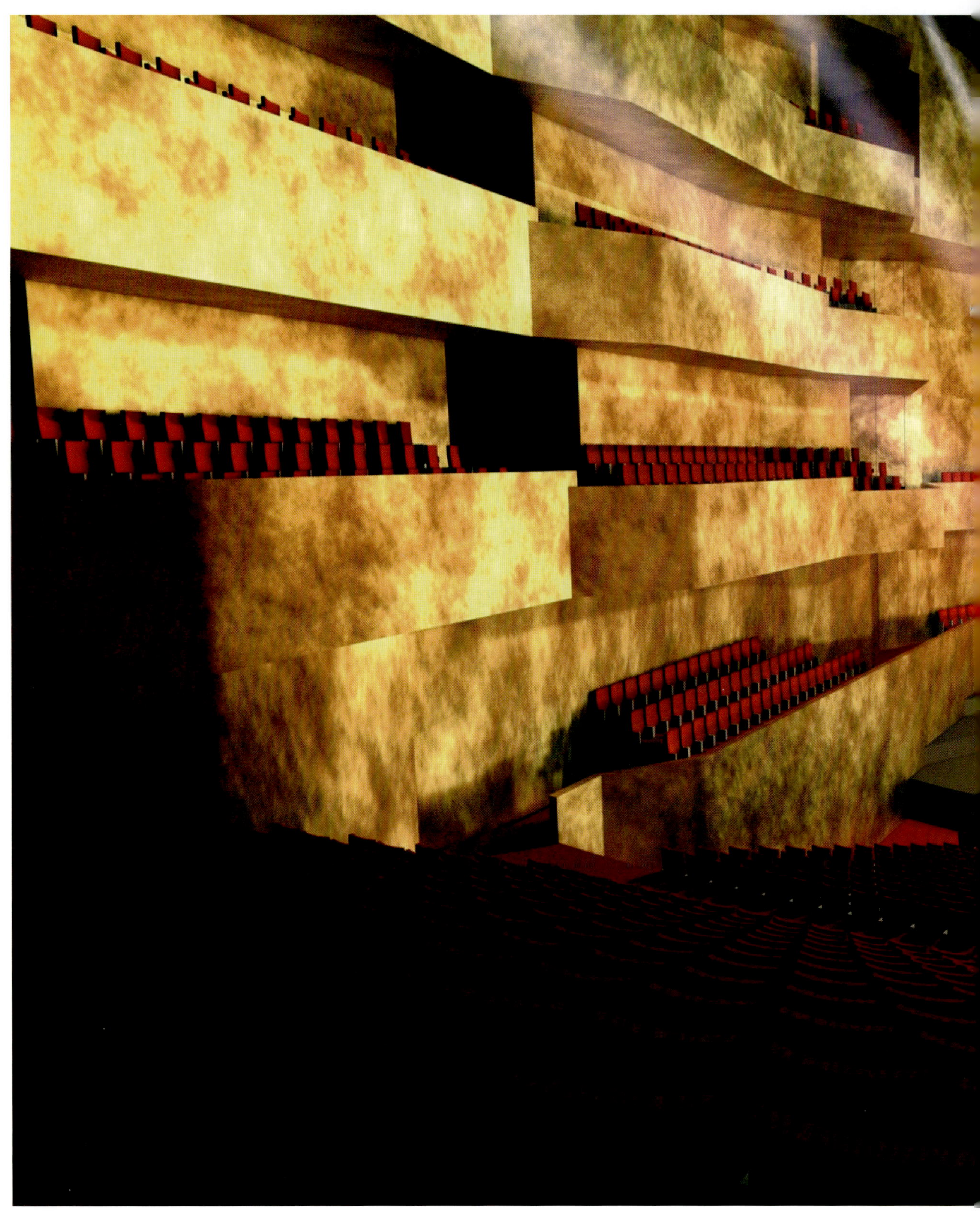

斯塔万格的爱乐交响乐团
挪威

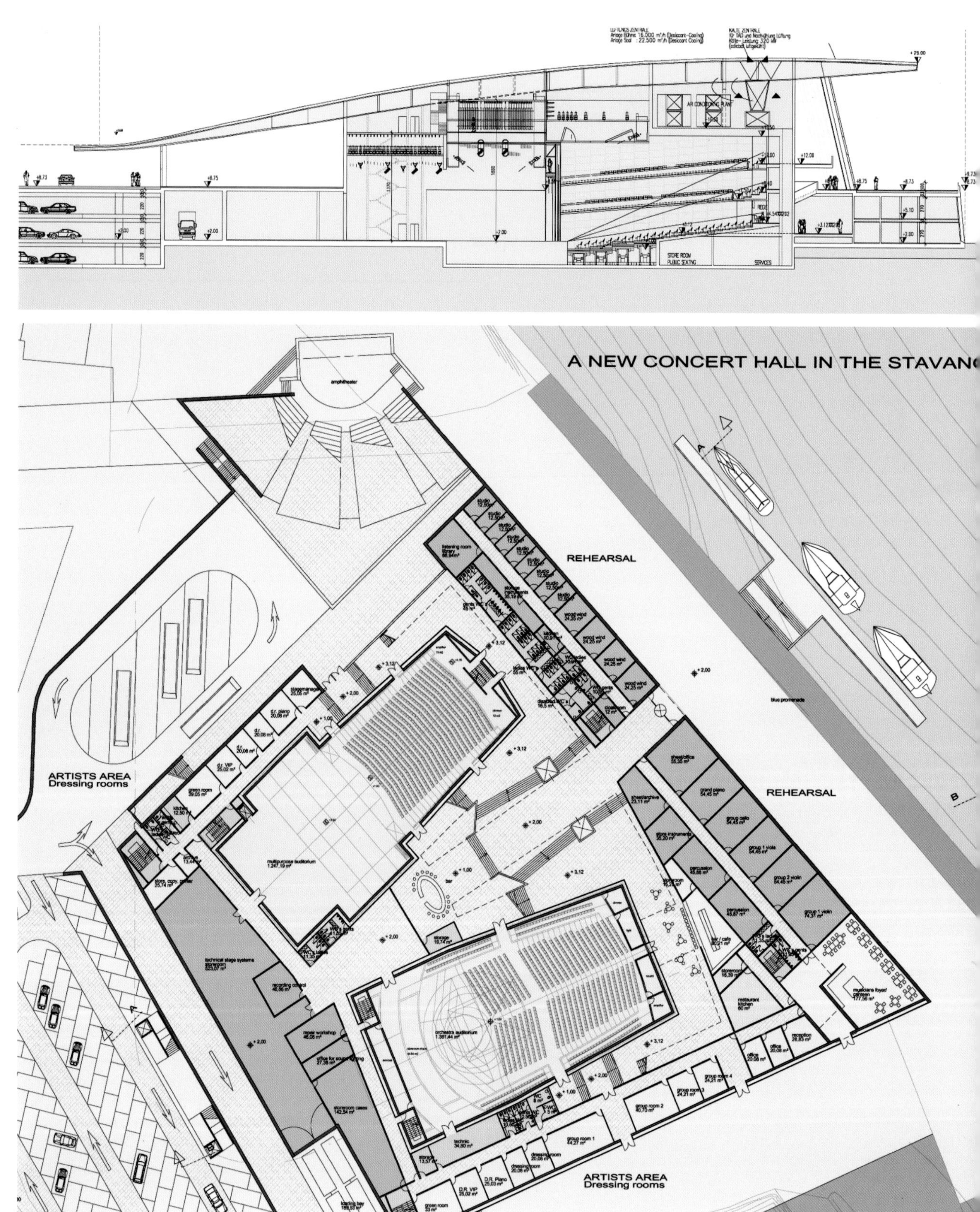

A NEW CONCERT HALL IN THE STAVANG
REHEARSAL
REHEARSAL
ARTISTS AREA
Dressing rooms
ARTISTS AREA
Dressing rooms
amphitheater
multipurpose auditorium
orchestra auditorium
blue promenade
STORE ROOM
PUBLIC SEATING
SERVICES

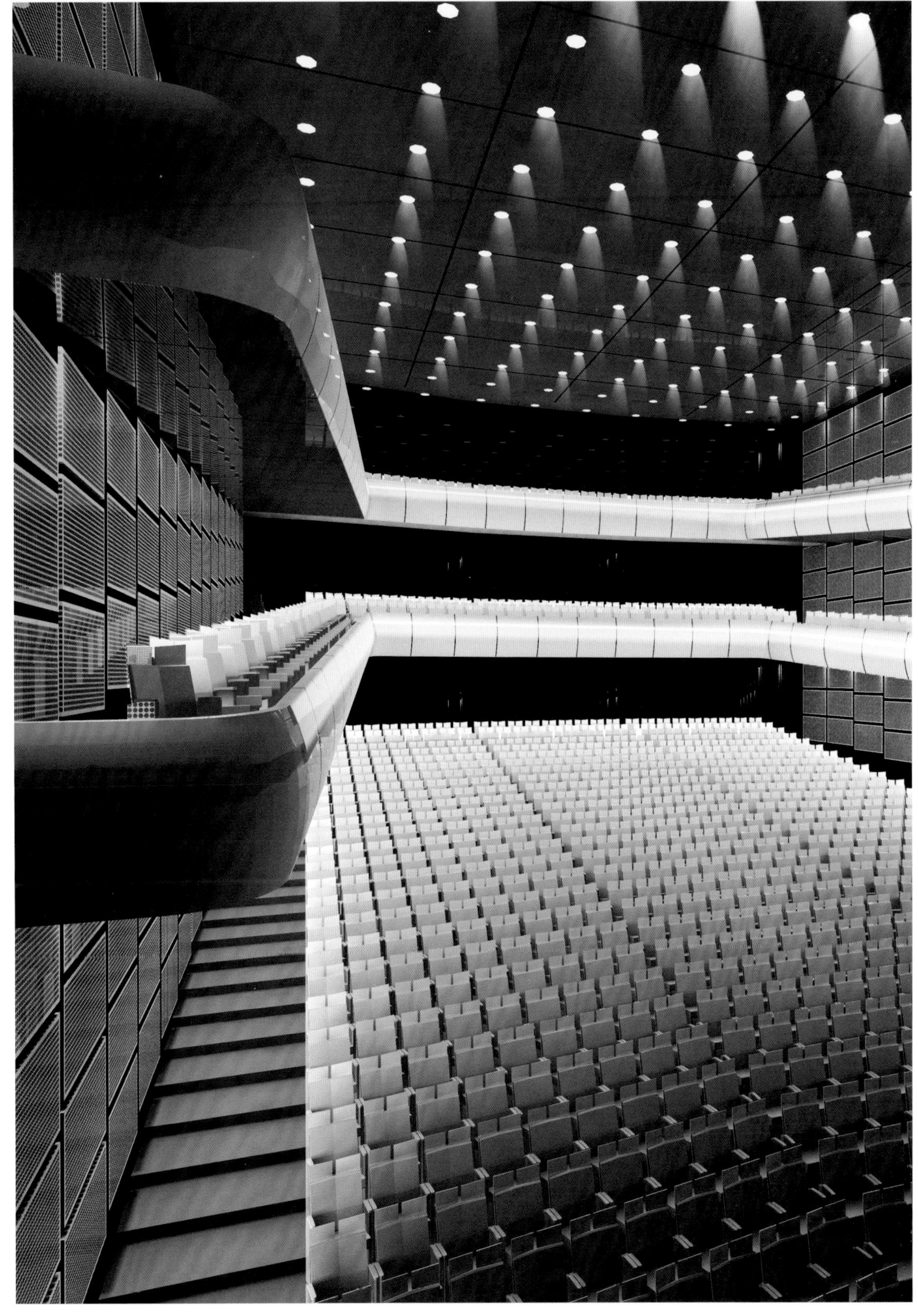

萨尔茨堡的莫扎特歌剧院
奥地利

小型剧院一直是一个问题建筑，而各种各样的干预与随之的改建，反而使问题更严重了。最近的一次改建是在纳粹时期。可以直截了当地说，问题的焦点在小剧院的庆祝区：看舞台的视角不好，音效也不理想。解决这个难题需要对圆形大厅进行改建：更小的大厅（大厅长度减少 10 米）、更多的座位与更好的音响效果。另一个改建重要的主题是对访客的接待与分配功能。新建筑临街的高度达到了已建建筑屋檐的高度。建筑物正前方是一个有长阶梯的平整表面，建筑前脸的上层装饰了三个雕花青铜门，出自艺术家约瑟夫之手，还镶有五块狭窄的直角矩形玻璃。这些装饰品之下是镶嵌玻璃的剧院入口。最前面的主入口保持了宽广突出的檐棚，拱腹镀金。门厅在空间上很复杂，不仅可以分为一个主门厅和一个通往岩石厅（同样接受改建）路上的副门厅，还有翻新的门厅。新接待区最吸引人的地方在于楼梯，对面就是巨大的镶有金色百叶窗的主墙，墙的后面是施华洛世奇水晶制作的莫扎特像。这里，建筑设计师采用了那些热爱传统的、大众愿意接受的风格。礼堂本身满足了最初的要求，增加了座位，对舞台的视野好了许多，音效也更好了。由于没有足够的资金来进行豪华的内部装饰，内墙仅仅用油漆刷过（完整保留了巴洛克时期的传统），也可以说风格硬朗，内墙与框架壁龛相铰接，每一个壁龛都有一些倾斜。这个设计满足了声音效果的要求。同样值得一提的是，座位非常舒适，几乎各处的座位都有一个良好的视野。鲜为人知的还有其他极其复杂的改建措施（如指挥台的设计）来保障剧场的正常运营，后台的物资配送，等等。

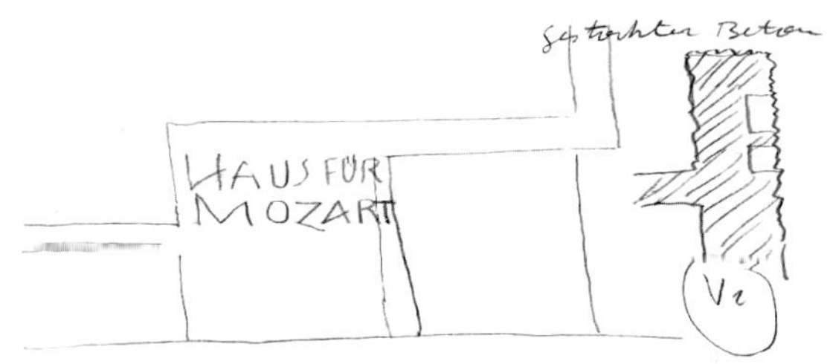

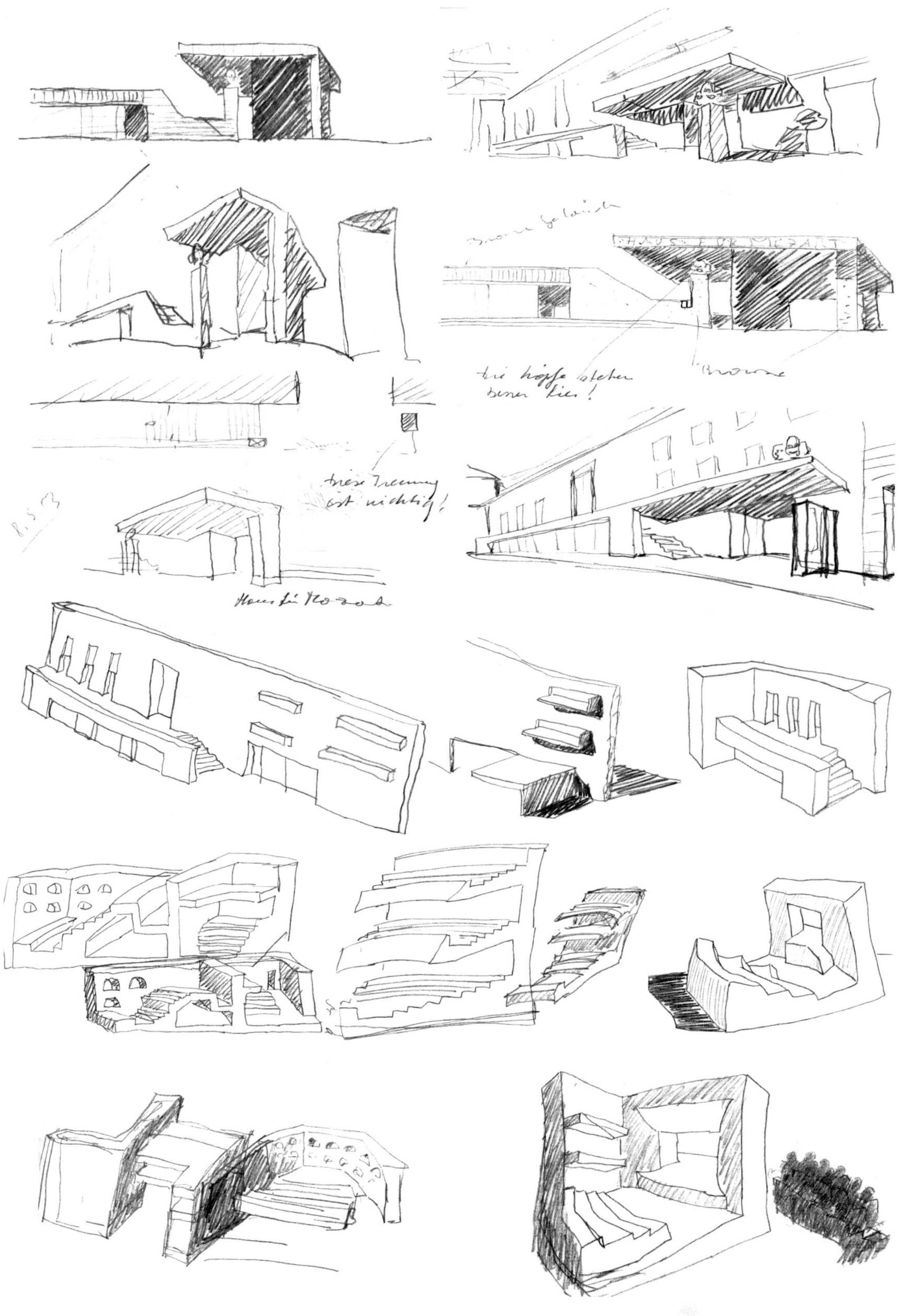
Bronze
Die Köpfe stehen besser hier!
Diese Trennung ist richtig!
Haus für Mozart

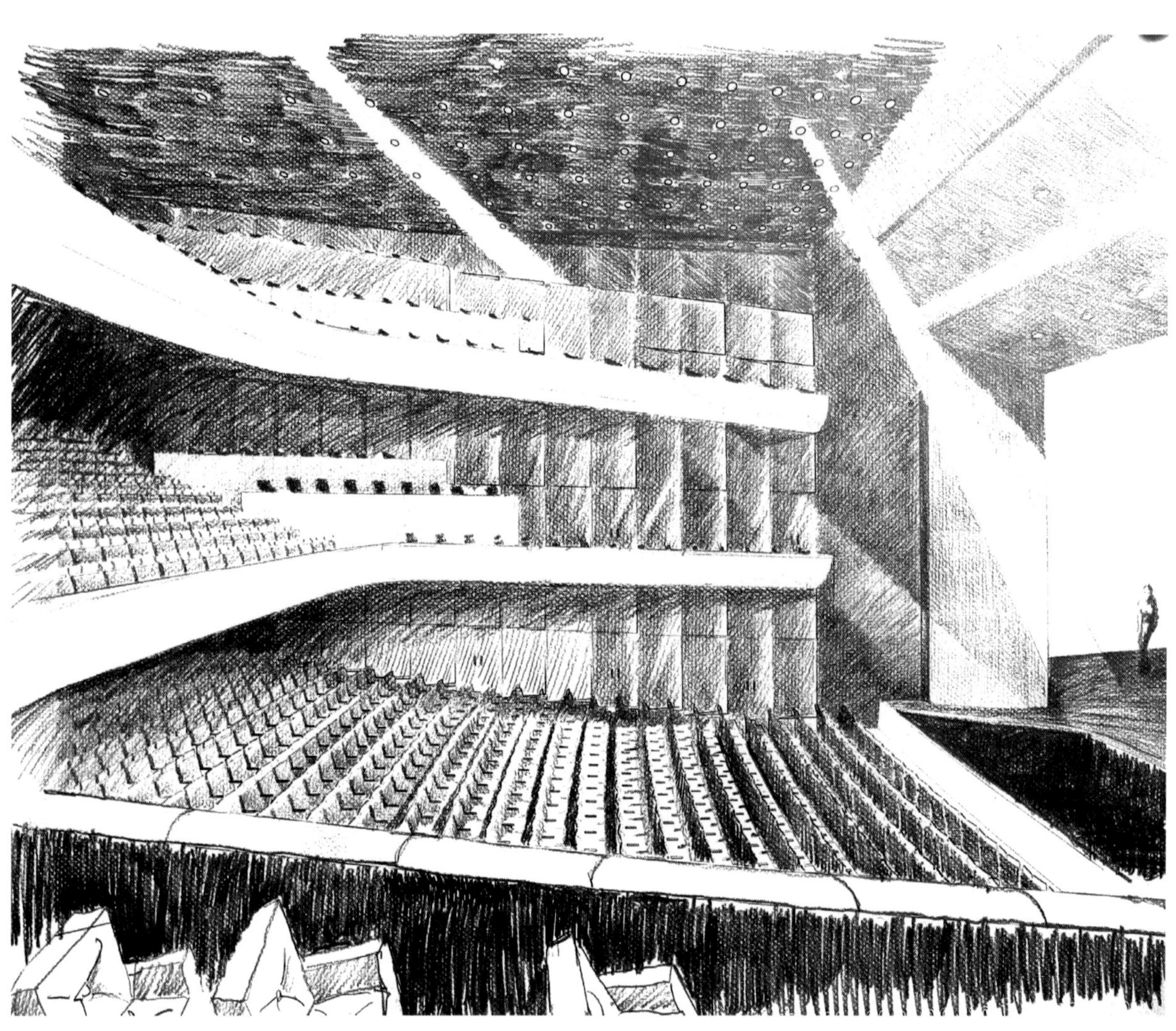

波恩的贝多芬音乐厅
德国

托兰科索音乐节
巴西

对音乐的热爱、正确的相遇地点和深厚的友情，这些丰富的要素结合起来产生了“音乐和托兰科索”，即四个朋友将独一无二的音乐节与托兰科索的自然之美结合起来。该节日的设立为托兰科索大众提供了一个广阔的音乐体验平台，并通过为年轻的学生、音乐家开设专业课程和其他活动，来满足其创始人的远大抱负。

这四个朋友所梦想的节日，在他们的同伴以及其他交际网的巨大帮助下，终于在经历两年半的艰辛、愉快和挫折后成为了现实，它是托兰科索的里程碑，也是一个生动的例子，阐释了强烈的共同信念如何使一个迷人的场所具有更大的魔力。

釜山歌剧院
韩国

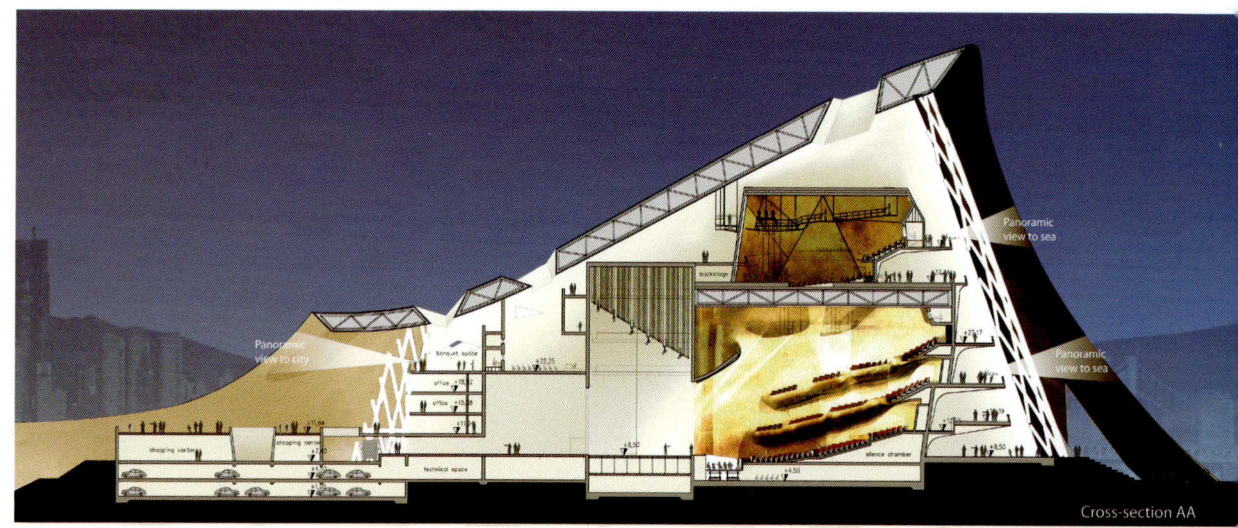

Panoramic view to sea
Panoramic view to sea
Panoramic view to city
backstage
banquet space
office
office
shopping center
shopping center
technical space
silence chamber
+22,25
+18,12
+15,38
+11,94
+7,40
+4,50
+1,50
+8,50
+27,17
+4,50
+8,50
Cross-section AA

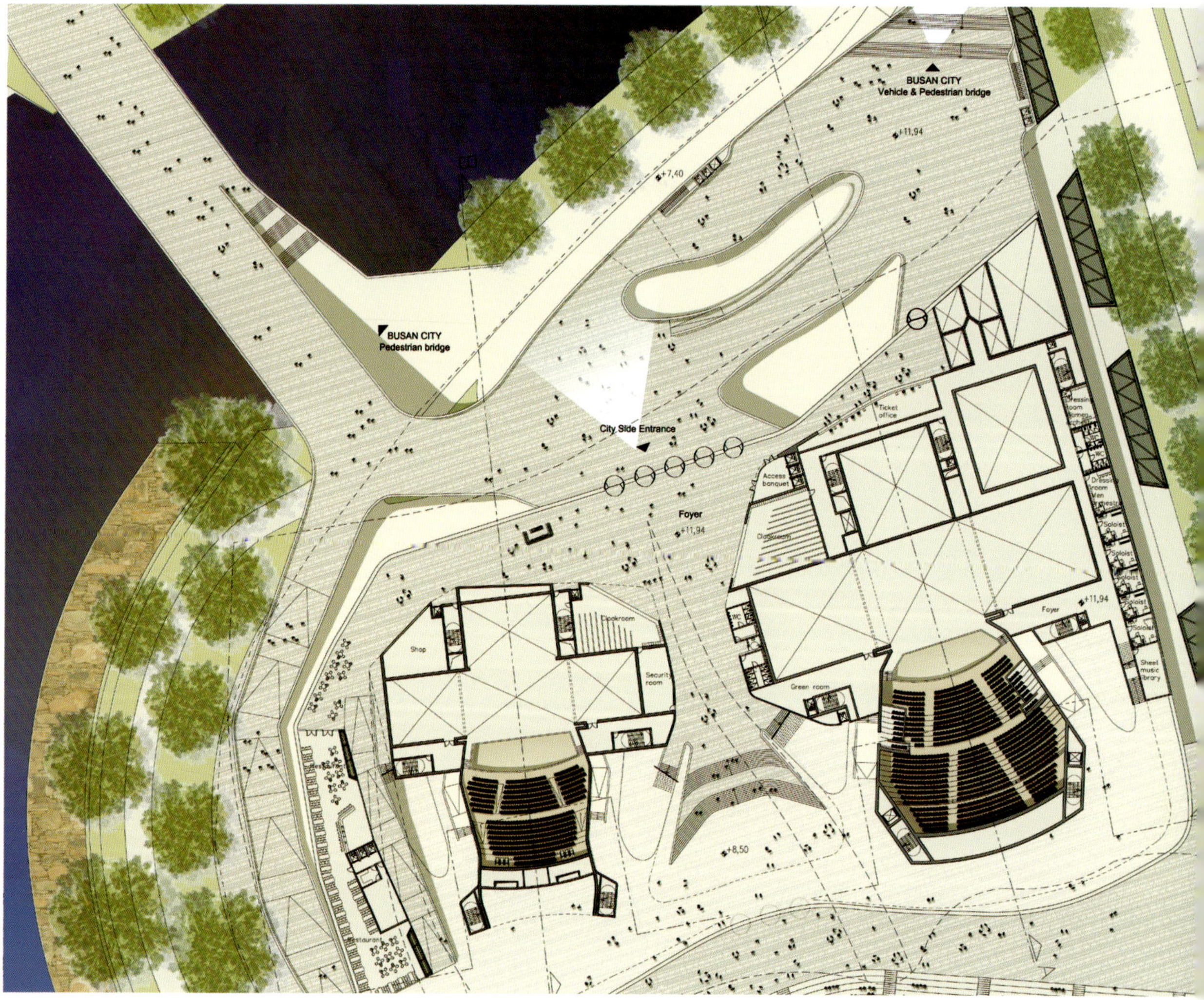

BUSAN CITY
Vehicle & Pedestrian bridge
+11,94
+7,40
BUSAN CITY
Pedestrian bridge
Ticket office
City Side Entrance
Access banquet
Cloakroom
Foyer
+11,94
Shop
Cloakroom
Security room
Green room
Foyer
+11,94
Sheet music library
+8,50
Restaurant

Cross-section CC

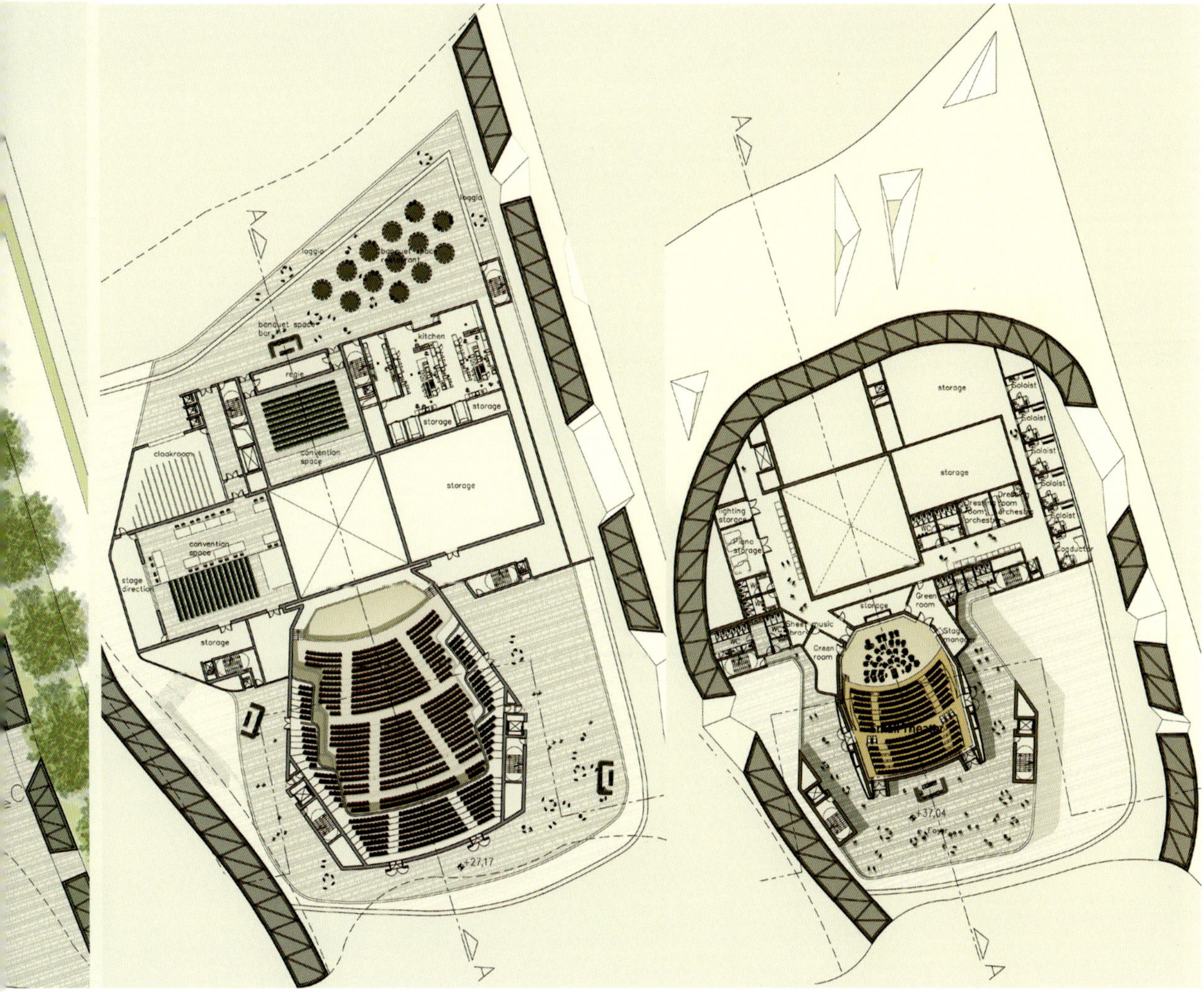

科布伦茨园艺展览
德国

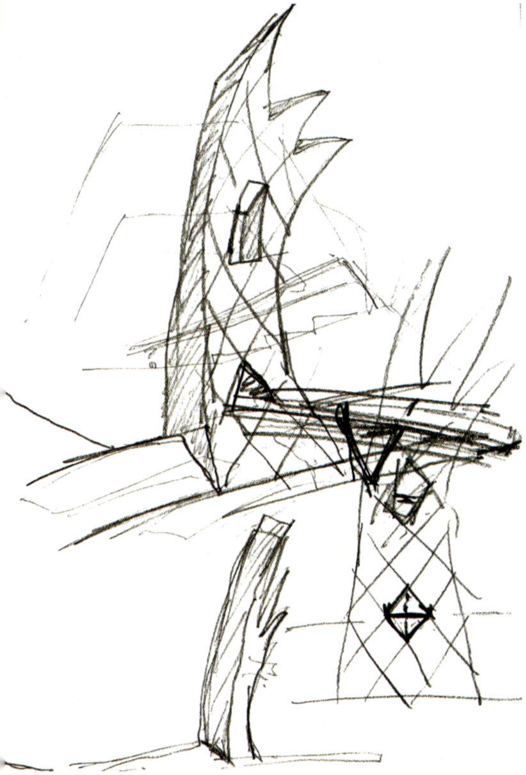

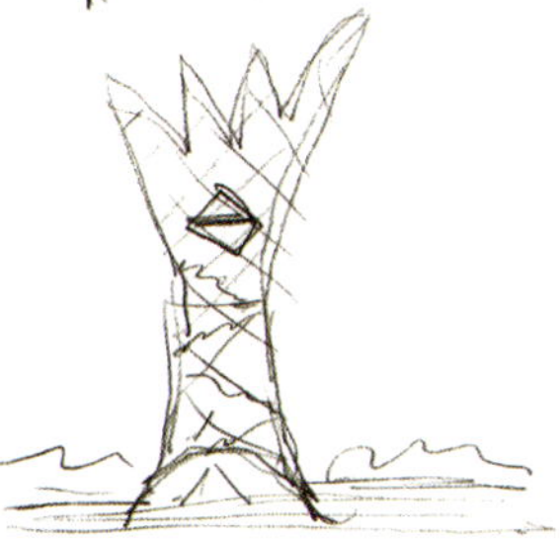

城市中心的村庄
卢森堡

北京沙河高教园
中国

Beijing

ISAAC
STERN
REAL

GOETHE
PARIS·ROME·ATHENES
KARL FRIEDRICH SCHINKEL
REISEN NACH ITALIEN
SCHINKEL
PIPER
WIEN

图书在版编目（CIP）数据

万伦柯大师作品集（精装本）/（卢森堡）万伦柯著. —北京：中国发展出版社，2012.1
（德稻智库丛书）
ISBN 978-7-80234-731-1

Ⅰ. 万… Ⅱ. 万… Ⅲ. 建筑设计—作品集—卢森堡—现代 Ⅳ. TU206
中国版本图书馆CIP数据核字（2011）第212079号

书　　名：万伦柯大师作品集
著作责任者：［卢森堡］万伦柯
出版发行：中国发展出版社
（北京市西城区百万庄大街16号8层　100037）
标准书号：ISBN 978-7-80234-731-1
经 销 者：各地新华书店
印 刷 者：北京画中画印刷有限公司
开　　本：787×1092mm　1/16
印　　张：25.25
版　　次：2012年1月第1版
印　　次：2012年1月第1次印刷
定　　价：333.00元
咨询电话：（010）68990535　68990692
购书热线：（010）68990682　68990686
网　　址：http://www.develpress.com.cn
电子邮件：fazhan05@126.com